编写委员会

主　　任：韩博平
副主任：胡克武　夏晓萍
委　　员：林秋奇　苏宇亮　雷腊梅　肖利娟
　　　　　杨　阳　胡　韧　彭　亮　徐玉萍

主　　编：徐玉萍　肖利娟　杨　阳
副主编：项珍龙　吴　斌　韩　诺　吴丹玲
　　　　　温才裕　牛海玉

珠海市水库
常见浮游植物种类
多样性与图谱

ZHUHAISHI SHUIKU
CHANGJIAN FUYOU ZHIWU ZHONGLEI
DUOYANGXING YU TUPU

徐玉萍　肖利娟　杨　阳◎主编

暨南大学出版社
JINAN UNIVERSITY PRESS

中国·广州

图书在版编目（CIP）数据

珠海市水库常见浮游植物种类多样性与图谱/徐玉萍，肖利娟，杨阳主编. —广州：暨南大学出版社，2020.5
ISBN 978 - 7 - 5668 - 2891 - 0

Ⅰ. ①珠…　Ⅱ. ①徐…　②肖…　③杨…　Ⅲ. ①水库—浮游植物—生物多样性—珠海—图谱　Ⅳ. ①Q948.884.2 - 64

中国版本图书馆 CIP 数据核字（2020）第 060419 号

珠海市水库常见浮游植物种类多样性与图谱
ZHUHAISHI SHUIKU CHANGJIAN FUYOU ZHIWU ZHONGLEI DUOYANGXING YU TUPU
主　编：徐玉萍　肖利娟　杨　阳

出 版 人：张晋升
责任编辑：古碧卡　姚晓莉
责任校对：王燕玲　陈皓琳
责任印制：汤慧君　周一丹

出版发行：暨南大学出版社（510630）
电　　话：总编室（8620）85221601
　　　　　营销部（8620）85225284　85228291　85228292　85226712
传　　真：（8620）85221583（办公室）　85223774（营销部）
网　　址：http://www.jnupress.com
排　　版：广州市天河星辰文化发展部照排中心
印　　刷：广州市快美印务有限公司
开　　本：787mm×1092mm　1/16
印　　张：8
字　　数：193 千
版　　次：2020 年 5 月第 1 版
印　　次：2020 年 5 月第 1 次
定　　价：48.00 元

序

 1996 年，应捷克科学院 Milan Straskraba 教授的邀请，我有幸参加了欧洲水库生态学与湖沼学研究计划。1998 年底回国后，受广东省水利厅的委托，开展全省大中型水库的基础调查。在这项全省性的工作中，珠海市大镜山水库被列为全省 20 个重点研究水库之一。1999 年，我第一次去珠海开展大镜山水库生态采样和监测，当年管理处领导们热情并细心地安排了水上作业，这也是暨南大学水生生物学团队服务珠海水库水资源保护与管理工作的开始。对大镜山水库的调查得到了珠海市水务局领导的高度重视，为后来全面开展珠海全市水库的本底生态调查与基础性研究奠定了基础。

 珠海市的水库还承担了向澳门供水的重要任务，水务局对水库水资源与水质管理的要求很高。暨南大学水生生物研究中心将珠海水库的研究作为首要工作任务，投入了大量的人力和物力，与水库管理处（中心）共建了大镜山水库生态监测实验室，以更好地服务水库生态监测与水质管理。珠海市的水库有着自身的生态特点，在运行管理上也有特殊性。有不少的水库由供水公司（珠海水务环境控股集团有限公司）具体负责日常管理，供水公司也对水库水质进行监控以确保供水生产与供水水质。我们对珠海水库的生态调查等工作也得到了供水公司的支持和协助，与供水公司水质监测研究中心有不少交流与合作。1999 年至今，暨南大学与珠海市水库管理团队一起工作了整整 20 个年头，积累了大量的数据和资料。为更好地指导今后的生态监测，有必要对已完成的工作进行系统总结，这也是珠海市水务局提出的工作要求。

 珠海市是全国水生态文明试点建设城市，在水库的生态监测、生态管理和生态文明建设等方面开展了大量的实践性和前瞻性工作。2017 年珠海市全面落实河长制，暨南大学水生生物学国家重点学科团队有幸参加了这项工作，负责珠海市水库山塘水质普查和"一库一策"实施方案的编制，完成了全市 66 座重要水库两次全面的生态普查。普查工作由杨阳、徐玉萍和项珍龙等青年骨干具体负责，近 20 名博士及硕士研究生参加了野外调查与实验室测定。普查工作得到了珠海市各区水库管理人员的大力支持，获得了大量浮游植物样品，为编制覆盖全市水库的浮游植物种类名录提供了条件。徐玉萍和项珍龙收集了河长制工作及以往工作中获得的样品并完成了初步种类鉴定和图片拍摄，韩诺负责硅藻的鉴定与电镜处理，珠海市供水公司水质监测研究中心的骨干吴斌和温才裕收集、补充了珠海自来水厂的源水藻类样品，珠海市河长办技术管理组的吴丹玲协调水库的监测与样品采集。肖利娟、杨阳和牛海玉对种类的分类与描述进行校核，暨南大学藻类学教授张成武对全书内容进行了审阅。浮游植物样品的现场采样等监测工作得到珠海市河长办、珠海市水资源管理中心、珠海市水库管理中心和珠海市供水公司水质监测研究中心等部门的大力支持。

本书的出版得到广东省科技计划项目重要应用专项（2015B020235007）经费资助。希望本书提供的浮游植物种类描述与藻类图片有助于珠海及华南沿海地区水库浮游植物监测与生态管理，同时为淡水生态学及水生生物学的野外实践教学提供参考。

韩博平

暨南大学生态学系

2019 年元旦

前　言

　　广东省珠海市是珠江三角洲中心城市之一，是我国东南沿海重要的旅游城市，地处北纬 21°48′~22°27′、东经 113°03′~114°19′，位于广东省珠江口的西南部，是珠三角海洋面积最大、岛屿最多、海岸线最长的城市，素有"百岛之市"之称。珠海市东与香港隔海相望，南与澳门相连，西邻江门市新会区、台山市，北与中山市接壤。下辖地区有香洲区、横琴新区、斗门区、金湾区、万山区。

　　珠海市地处珠江口西岸，濒临辽阔的南海，属于典型的南亚热带季风海洋性气候。终年气温较高，年平均气温约 22.5℃。光照充足，日照时间较长。每年 7 月至 9 月是相对酷热时期，其中 7 月的平均气温较高，达 28.6℃，12 月至次年 2 月是相对寒冷的月份，月平均气温 14.5℃。珠海市气候湿润，年平均相对湿度为 80%；雨量充沛，年平均降雨量约为 2 061.9 毫米。降雨多集中在 5 月至 10 月，该时期为汛期。历年雨量最多的月份是 6月（平均多达 19.4 天），占全年雨量的 17%，5 月、6 月多有大雨、暴雨和特大暴雨出现。雨量最少的月份是 12 月（平均只有 3.9 天），只占全年雨量的 1.3%。珠海市的灾害性天气主要是台风和暴雨，台风天气多出现在 6 月至 10 月，多年平均为 4 次。

　　水库是珠海市重要的供水水源地，同时承担着向澳门供水的任务。20 世纪 90 年代以来随着珠海市经济的快速发展，部分水库水体开始出现富营养化，浮游植物生物量大幅度增加出现藻华现象。认识和掌握水库浮游植物的种类组成与群落结构的变化规律是水库水质管理的基础，为此珠海市水务管理部门先后组织了多项全市的水库调查和专项研究，对部分水库的浮游植物群落组成与动态已经有了较为深入的研究，如李秋华等（2007）、胡韧（2008）、张怡（2012）的文献中报道了 100 多种浮游植物种类，但较为局限于一些重要的供水水库，如大镜山水库、南屏水库以及竹仙洞水库等，对珠海市其他水库浮游植物种类组成的记录还较少。

　　为较全面地掌握珠海市水库浮游植物种类的组成特点，我们于 2017 年 10 月和 2018年 10 月对珠海市 66 座水库、12 座山塘和 5 个泵站进行了两次采样调查，调查水库位置如图 1 所示。其中横琴区 2 座水库，香洲区 11 座水库，高新区 6 座水库，万山区 3 座水库，高栏港区 8 座水库，金湾区 9 座水库、2 座山塘，斗门区 29 座水库、10 座山塘、5 个泵站。采样调查的水库名录见表 1。

　　在对珠海市水库的两次采样调查中，我们对检测到的浮游植物进行鉴定并拍照，汇编成册，希望可以为珠海及周边地区水库藻类监测的工作人员提供参考资料。目前浮游植物的分类系统有多种版本，本书采用国际上最新的分类系统（Linda E. Graham, James M. Graham, Lee W. Wilcox, 2009；Robert Edward Lee, 2008），并根据最新的文献对部分属、种类的名称进行了更新，采用目前国际上通用的名称。本书所采用的分类系统是通过现代

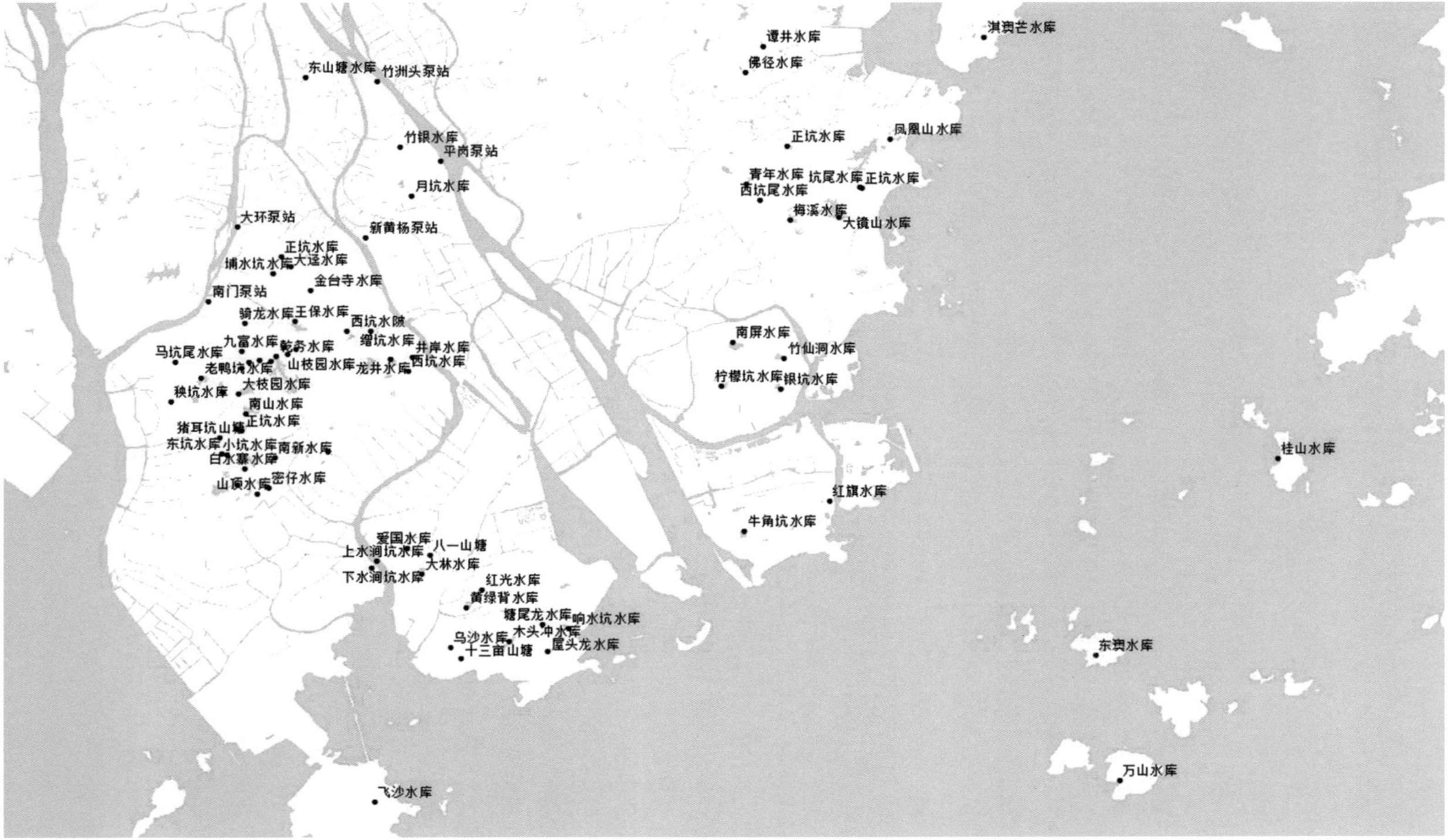
谭井水库
淇澳芒水库
佛径水库
东山塘水库
竹洲头泵站
竹银水库
平岗泵站
正坑水库
凤凰山水库
青年水库
坑尾水库
正坑水库
西坑尾水库
月坑水库
梅溪水库
大镜山水库
大环泵站
新黄杨泵站
正坑水库
捕水坑水库
大迳水库
金台寺水库
南门泵站
骑龙水库
王保水库
西坑水陂
南屏水库
竹仙洞水库
九富水库
缙坑水库
井岸水库
马坑尾水库
山枝园水库
西坑水库
柠檬坑水库
银坑水库
老鸭坑水库
龙井水库
大枝园水库
秧坑水库
南山水库
正坑水库
猪耳坑山塘
东坑水库
小坑水库
南新水库
桂山水库
白水寨水库
山顶水库
密仔水库
红旗水库
牛角坑水库
爱国水库
八一山塘
上水涧坑水库
大林水库
下水涧坑水库
红光水库
黄绿背水库
塘尾龙水库
响水坑水库
乌沙水库
木头冲水库
十三亩山塘
屋头龙水库
东澳水库
万山水库
飞沙水库

图1　水库分布图

分子手段对叶绿体的进化亲缘关系进行分析，将藻类分为 4 大类，①原核藻类（蓝藻）；②叶绿体由两层叶绿体膜包被的藻类（灰色藻门、红藻门、绿藻门和链藻门）；③叶绿体单层内质网膜包被的藻类（裸藻门和甲藻门）；④叶绿体双层内质网膜包被的藻类（隐藻门、异鞭藻门、定鞭藻门和普林藻门）。在两次采样调查中，共检测到 112 属 259 种浮游植物，隶属于 7 门。其中蓝藻门 30 种，绿藻门 78 种，链藻门 34 种，裸藻门 18 种，甲藻门 7 种，异鞭藻门 89 种，隐藻门 3 种。其中蓝藻门的棒胶藻属（*Rhabdogloea*）、色球藻属（*Chroococcus*）、泽丝藻属（*Limnothrix*），绿藻门的纤维藻属（*Ankistrodesmus*）、衣藻属（*Chlamydomonas*）、肾形藻属（*Nephrocytium*），链藻门的角星鼓藻属（*Staurastrum*）、顶接鼓藻属（*Spondylosium*），异鞭藻门的小环藻属（*Cyclotella*）、舟形藻属（*Navicula*）、菱形藻属（*Nitzschia*），隐藻门的隐藻属（*Cryptomonas*），甲藻门的裸甲藻属（*Gymnodinium*）分布最为广泛。在浮游植物鉴定和照片采集工作中，大部分样品采用福尔马林试剂固定、光学显微镜鉴定，并用 ZEISS 成像系统进行照片采集，部分样品使用鲜样进行鉴定和拍照，部分硅藻样品酸化处理后在光学显微镜下用 100 倍油镜和扫描电镜（HITACHI）鉴定并采集照片。依据浮游植物形态特征（存在体制、细胞形态、细胞壁结构、色素体、鞭毛、眼点等）将每个种类鉴定到种，并对每个种的关键特征进行描述。

表 1　水库名录

行政区	水库名称	供水对象	库容（×10⁴m³）
横琴区	红旗水库	城乡生活	11.80
	牛角坑水库	备用	101.00
香洲区	南屏水库	城乡生活	574.00
	大镜山水库	城乡生活	1 210.00
	柠檬坑水库	城乡生活	54.00
	梅溪水库	城乡生活	214.00
	西坑尾水库	城乡生活	11.00
	竹仙洞水库	城乡生活	261.00
	蛇地坑水库	城乡生活	167.00
	银坑水库	城乡生活	148.00
	青年水库	城乡生活	194.00
	坑尾水库	城乡生活	10.70
	正坑水库	城乡生活	19.00
高新区	佛迳水库	城乡生活、农业灌溉	66.00
	水母坑水库	农业灌溉	14.40
	淇澳芒水库	城乡生活	22.10
	潭井水库	工矿企业、农业灌溉	74.00

（续上表）

行政区	水库名称	供水对象	库容 （×10⁴m³）
高新区	凤凰山水库	城乡生活	1 510.00
	正坑水库	城乡生活	191.00
万山区	桂山水库	城乡生活	27.20
	万山水库	城乡生活	1.22
	东澳水库	城乡生活	10.67
高栏港区	上水涧坑水库	城乡生活	11.11
	下水涧坑水库	城乡生活	11.05
	先锋岭水库	城乡生活、农业灌溉	392.00
	密仔水库	城乡生活	73.00
	南新水库	城乡生活、农业灌溉	139.00
	山顶水库	城乡生活	39.52
	白水寨水库	农业灌溉	135.19
	飞沙水库	城乡生活	15.80
金湾区	乌沙水库	农业灌溉	13.09
	屋头龙水库	城乡生活	30.00
	木头冲水库	城乡生活	684.70
	响水坑水库	城乡生活	132.40
	红光水库	农业灌溉	11.20
	黄绿背水库	城乡生活	161.43
	塘尾龙水库	农业灌溉	—
	爱国水库	城乡生活	66.52
	大林水库	农业灌溉	66.00
	十三亩山塘	农业灌溉	—
	八一山塘	农业灌溉	—
斗门区	井岸水库	城乡生活	61.00
	西坑水库	城乡生活、工矿企业	79.82
	龙井水库	城乡生活、工矿企业	619.00
	缯坑水库	城乡生活、工矿企业	232.00
	月坑水库	城乡生活、工矿企业，农业灌溉	106.53
	竹银水库	城乡生活、工矿企业	4 018.00
	九富水库	农业灌溉	18.00

（续上表）

行政区	水库名称	供水对象	库容 （×10⁴m³）
斗门区	大深坑水库	农业灌溉	22.71
	宝剑七合水库	农业灌溉	20.96
	山枝园水库	农业灌溉	12.40
	东坑水库	农业灌溉	13.20
	大迳水库	农业灌溉	10.62
	乾务正坑水库	农业灌溉	45.00
	王保水库	城乡生活、工矿企业、农业灌溉	373.00
	老鸭坑水库	城乡生活、工矿企业、农业灌溉	69.00
	茶冷迳水库	城乡生活、工矿企业、农业灌溉	143.00
	马坑尾水库	农业灌溉	13.00
	埔水坑水库	农业灌溉	7.80
	小深坑山塘	农业灌溉	9.30
	九角龙山塘	农业灌溉	4.50
	宝塔仔山塘	农业灌溉	7.90
	老鼠仔水库	农业灌溉	11.00
	秧坑山塘	农业灌溉	—
	老虎坑山塘	农业灌溉	—
	猪耳坑山塘	农业灌溉	—
	东坑水库	农业灌溉	13.20
	西坑水陂	城乡生活	—
	乾务水库	城乡生活、农业灌溉	1 388.00
	大枝园水库	农业灌溉	307.00
	南山水库	城乡生活、工矿企业、农业灌溉	390.00
	小坑水库	农业灌溉	10.40
	斗门正坑水库	农业灌溉	10.18
	石狗水库	农业灌溉	37.44
	骑龙水库	农业灌溉	41.15
	东山塘水库	农业灌溉	38.80
	金台寺水库	城乡生活、农业灌溉	24.30
	大环泵站	—	—
	平岗泵站	—	—
	新黄杨泵站	—	—
	南门泵站	—	—
	竹洲头泵站	—	—

注：“—”表示信息缺失。

编　者

2019 年 5 月

目　录

1 蓝藻门 Cyanophyta

蓝藻门主要以丝状或群体存在，单细胞种类较少。细胞无成形的细胞核，只有中央核区，也称为蓝细菌；细胞无色素体，色素均匀地分散在细胞周围的原生质内，色素成分主要为叶绿素 a、β 胡萝卜素、藻胆素，植物体通常呈蓝色或蓝绿色；营养细胞和生殖细胞都不具鞭毛。有些种类细胞内具有气囊（又称伪空泡或假空泡）或气泡，在光学显微镜下呈黑色、红色或紫色，对细胞浮力调节有关键作用。细胞分裂是蓝藻门种类的主要繁殖方式。蓝藻门下设 1 纲（蓝藻纲），本调查中检测到 15 属共 30 种。

蓝藻纲 Cyanophyceae

该纲特征同门特征。

1.1.1　棒胶藻属 *Rhabdogloea* Schröder 1917；*Dactylococcopsis* Hansgirg，1888

单细胞或群体，群体胶被不明显。细胞细长或呈圆柱形，两端狭长，呈直形或 S 形，或螺旋状缠绕。淡蓝绿色或亮蓝绿色。细胞分裂面与纵轴垂直，群体和细胞形态是区分种类的关键依据。

史氏棒胶藻 *Rhabdogloea smithii*（Chodat & F. Chodat）Komárek，1983（曾用名：*Dactylococcopsis smithii*）：常以单细胞出现在水体中，细胞呈纤维状，直或弯曲，或呈 S 形扭曲，两端狭小尖细；细胞宽 1～2.5μm，很少超过 3μm；长 5～25μm，很少超过 30μm；原生质体为均匀的蓝绿色。

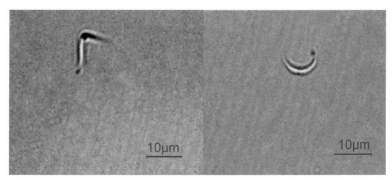

图 1-1　史氏棒胶藻

1.1.2 隐球藻属 *Aphanocapsa* Näg. Gatt. Einzell.，1849

植物体以群体存在，群体呈球形、椭圆形或不规则形，群体胶被明显。细胞球形，常以两个或四个细胞一组分布于群体胶被中，每组间有一定的距离。个体胶被不明显，细胞直径常小于 3μm，细胞大小是区分种类的重要特征。原生质体均匀，无伪空泡，呈浅蓝色、亮蓝色或灰蓝色。

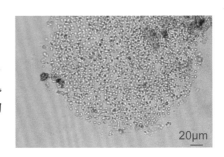

细小隐球藻 *Aphanocapsa elachista* W. et. G. S. West，1912：群体常呈球形或椭球形，胶被无色透明，群体内细胞单个或两个为一组，有时在大群体中可见到小群体。细胞直径在 1.5 ~ 2μm。细胞原生质体均匀，呈蓝绿色或灰绿色，无颗粒。

图 1 - 2　细小隐球藻

1.1.3 平裂藻属 *Merismopedia* Meyen，1893

由一层细胞组成平板状的群体，群体一般较小，群体胶被无色、透明、柔软；群体中细胞排列整齐，通常两个细胞以分裂面紧贴为一对，两对为一组，四个小组为一群，许多小群集合成大群体，群体中的细胞数目不定。细胞大小多在 1 ~ 3μm 之间，细胞大小是分种的关键依据。细胞原生质体均匀，呈浅蓝绿色或亮绿色。

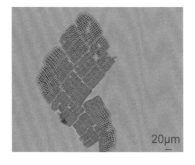

旋折平裂藻 *Merismopedia convolute* Brébisson ex. Kützing，1849：群体较大，有时肉眼可见，呈板状或叶片状，群体胶被可见，大群体可弯曲甚至边缘部卷折。细胞球形、半球形或长圆形，直径 4 ~ 5μm，高 5 ~ 7μm；原生质体均匀，呈蓝绿色。

图 1 - 3　旋折平裂藻

细小平裂藻 *Merismopedia minima* G. Beck，1897：群体由许多细胞组成，群体胶被不明显；细胞小，以分裂面互相紧贴，细胞球形或半球形，直径约 1.2μm，高约 1.5 ~ 1.8μm；原生质体均匀，呈蓝绿色。

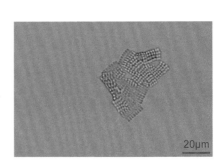

图 1 - 4　细小平裂藻

点形平裂藻 *Merismopedia punctata* Meyen，1839：群体小，一般由 8～64 个细胞组成，群体中细胞排列成十分整齐的行列，群体胶被清晰；细胞球形、宽卵形或半球形，直径 2.3～3.5μm；原生质体均匀，呈淡蓝绿色或蓝绿色。

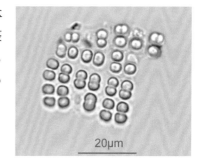

图 1-5　点形平裂藻

1.1.4　欧氏藻属（乌龙藻属）*Woronichinia* Elenkin，1933

胶群体，群体胶被窄，无色，群体呈球形或不规则卵形，常由小群体组合形成复合群体，复合群体呈不规则形。群体中央具辐射状或略平行的胶质柄，胶质柄分枝或不分枝，柄与细胞等宽，排列紧密。细胞略为长形、宽卵形或倒卵形，罕见圆球形，无或具多数伪空泡。细胞具两个相互垂直的分裂面，细胞分裂后彼此分离，以群体解聚或释放单细胞方式繁殖。

纳格欧氏藻 *Woronichinia näegeliana* Elenkin，1933：胶群体，群体球形、椭圆形、肾形或具裂隙的球形，细胞在群体表面紧密排列形成中空群体；细胞椭圆形至卵形，细胞直径 3.5～7μm，呈蓝绿色且具多数气囊。

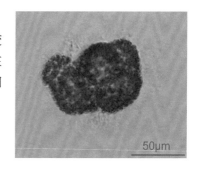

图 1-6　纳格欧氏藻

1.1.5　色球藻属 *Chroococcus* Näli.，1849

植物体少数为单细胞，多数为 2～6 个或更多（很少超过 64 或 128 个）细胞组成的群体；群体胶被较厚，透明，均匀或分层；细胞球形或半球形，个体细胞胶被均匀或分层；原生质体均匀或具有颗粒，呈灰色、淡蓝绿色、蓝绿色、橄榄绿色，气囊有或无。细胞大小、形状和群体胶被是区分种类的关键特征。

微小色球藻 *Chroococcus minutes*（Kütz）Näg.，1849：群体由 2～4 个细胞组成，群体胶被薄而无色，不分层，群体中部有缢缩；细胞球形或亚球形，直径 7～10μm；原生质体均匀或具少数颗粒体，呈蓝绿色。

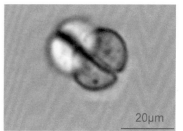

图 1-7　微小色球藻

3

湖沼色球藻 *Chroococcus limneticus* Lemm. , 1898：植物体为由 4~32 个或更多细胞组成的群体，群体胶被厚而无色，透明无层理；群体中细胞往往 2~4 个成一群体，小群体的胶被薄而明显；细胞球形、半球形或长圆形，直径 4~8 μm；原生质体均匀，呈灰色或淡橄榄绿色，有时具气囊。

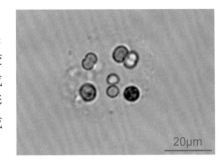

图 1-8　湖沼色球藻

膨胀色球藻 *Chroococcus turgidus*（Kütz）Näg. , 1849：植物体常为 2~4 个细胞组成的群体，胶被无色透明，边界清晰可见；细胞球形、半球形、卵形，直径为 7~10 μm，包括胶被可达 15 μm；原生质体呈蓝绿色、橄榄绿色，具有颗粒。

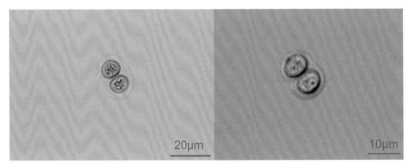

图 1-9　膨胀色球藻

1.1.6　微囊藻属 *Microcystis* Kützing ex Lemmermann，1907

胶群体，由许多小群体组成大群体，群体球形、椭圆形或不规则形，有时群体有穿孔，形成网状或窗格状团块，群体胶被透明或具有颜色；细胞球形、椭球形或卵形，无个体胶被，群体中细胞排列紧密，细胞常具气囊。群体及胶被形状、细胞形状和大小以及胞内伪空泡数量是关键的分类依据。

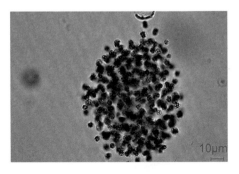

图 1-10　水华微囊藻

水华微囊藻 *Microcystis flosaquae* Kirchner Engler-Peantl，1932：群体大，球形、椭圆形或不规则形，边缘不规则，群体内细胞排列紧密，群体胶被透明、稀薄，无明显可见边缘，成熟的群体不穿孔，不开裂；细胞球形，直径为 3~7 μm；原生质体呈蓝绿色，有气囊。

惠氏微囊藻 *Microcystis wesenbergii* Komárek，1968：群体形态变化最多，球形、椭圆形、卵形、肾形、圆筒形、叶瓣状或不规则状，常通过胶被串联成树枝状或网状，集合成更大的群体；群体胶被明显且离细胞边缘远，边界明确，无色，坚固不易溶解，分层且有明显折光；群体内细胞较少，细胞一般沿胶被单层随机排列，较少密集排列；细胞较大，球形或近球形，直径 5～9μm。细胞原生质体呈深蓝绿色或深褐色，有气囊。

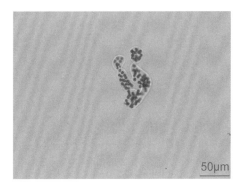

图 1 - 11　惠氏微囊藻

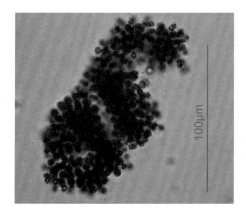

图 1 - 12　挪氏微囊藻

挪氏微囊藻 *Microcystis novacekii*（Komárek）Compère，1974：群体球形、不规则球形或略长形，许多成簇的小群体组成大群体，胶被明显，但不具有折光；细胞呈球形，直径 4～6μm，细胞内具有气囊。

铜绿微囊藻 *Microcystis aeruginosa* Kützing，1846：群体团块一般较大，早期为不中空的球形或椭圆形，成熟群体形状不规则，常破裂或形成穿孔网状，细胞排列较紧密；胶被无色或微黄绿色，不明显、无折光、无分层，不密贴细胞但高度水化。细胞球形，直径 3～7μm；细胞原生质体呈深蓝绿色或黑绿色，有气囊。

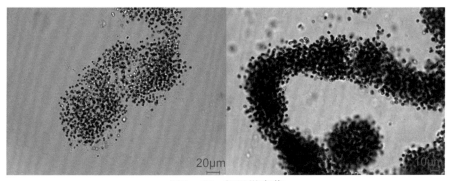

图 1 - 13　铜绿微囊藻

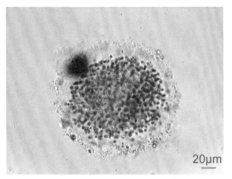

史密斯微囊藻 *Microcystis smithii* Kom. et Anag.，1995：植物体为近球形或略不规则的胶群体，群体胶被宽厚、无色，群体内细胞数目多且排列疏松；细胞球形，直径 3~6μm；原生质体呈蓝绿色，具气囊。

图 1-14　史密斯微囊藻

块状微囊藻 *Microcystis panniformis* Komárek et al.，2002：群体幼时紧密聚合成立体簇，成熟后为扁平块状，群体内细胞密集呈均匀分布，群体边缘不规则；细胞小，球形，直径 2~3μm；原生质体均匀，呈浅蓝绿色或亮蓝绿色，具气囊。

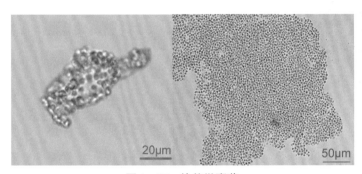

图 1-15　块状微囊藻

1.1.7　假鱼腥藻属（伪鱼腥藻属）*Pseudanabaena* Lauterborn 1915

藻丝单生或形成薄垫状，藻丝直或呈弓形，少数为波状，由少数几个圆柱形或长或短的细胞组成，无鞘，有时具宽的、稀薄水溶性胶被，不能运动。细胞横壁收缢，顶端细胞无分化，细胞为两端钝圆的圆柱状或桶形，长大于宽，宽 0.8~3μm；细胞内具或不具顶端位的气囊或颗粒。细胞分裂面垂直于纵轴，有时不对称分裂，以藻殖段或藻丝断裂方式繁殖。

湖生假鱼腥藻 *Pseudanabaena limnetica*（Lemmermann）Komárek，1974：藻丝单生，直或略弯曲，横壁收缢但不明显，无气囊，无胶被；细胞长椭圆形，长 1.7~12μm，宽 0.8~3μm，长宽比为 1.1~6.9。

图 1-16 湖生假鱼腥藻

链状假鱼腥藻 *Pseudanabaena catenata* Lauterborn，1915：藻丝单生，有时堆积成片状，藻丝由多个细胞连接而成，末端圆形，细胞间收缢，细胞连接处有厚壁；细胞呈圆柱形，长 1.5~5.6μm，宽 0.8~3μm，长宽比为 1.3~3.0。

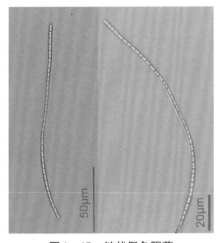

图 1-17 链状假鱼腥藻

具突假鱼腥藻 *Pseudanabaena galeate* Böcher，1949：藻丝单生，自由漂浮，由多个细胞连接组成，细胞收缢明显，收缢处有突起的厚壁连接，并有气囊状空隙，末端细胞帽状，有气囊；细胞圆柱形，长 1.0~8.1μm，宽 0.8~3μm，长宽比为 1.3~4.3。

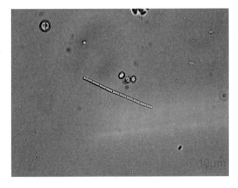

图 1-18 具突假鱼腥藻

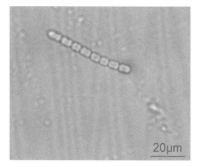

极小假鱼腥藻 *Pseudanabaena minima*（G. S. An）Anagnostidis, 2001：藻丝单生，多细胞，无胶被，收缢明显，末端细胞宽圆形；细胞长 1.5～6.0μm，宽 1.3～3.6μm，长宽比为 1.0～2.2。

图 1-19　极小假鱼腥藻

1.1.8　泽丝藻属 *Limnothrix* Meffert，1988

藻丝单生或不规则成丛或簇，藻丝等极，直或略弯曲，藻丝末端不渐尖，细胞圆柱形或长形；细胞横壁薄，不明显，不收缢或细微收缩，常具气囊，气囊聚集于细胞顶端或大的气囊位于细胞中央。顶端细胞圆柱形，末端钝圆。细胞宽 1～6μm。

赖氏泽丝藻 *Limnothrix redekei*（Goor）Meffert，1988：藻丝单生漂浮，多细胞丝体，无胶被，细胞横壁不明显，不收缢或略收缢；细胞中有气囊且气囊体积较大，位于横壁处或细胞中间；细胞圆柱形，长 1.3～10μm，宽 0.8～2.0μm，长宽比为 1.8～7.3。

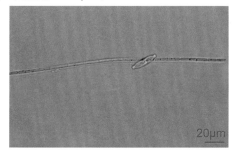

图 1-20　赖氏泽丝藻

1.1.9　浮鞘丝藻属 *Planktolyngbya* Anagnostidis & Komárek，1988

藻丝单生，直或弯曲，螺旋或不规则卷曲，具硬而薄的无色鞘。藻丝圆柱形，等极，末端不渐尖，顶端细胞钝圆，细胞圆柱形，细胞横壁不收缢或略收缢。细胞长大于宽，宽约为 3μm。无气囊或气囊位于细胞顶端。以形成藻殖段进行繁殖。

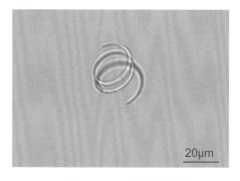

环离浮鞘丝藻 *Planktolyngbya circumcreta*（G. S. West）Anagnostidis et Komárek，1988：藻丝单生，灰蓝绿色，漂浮，短，不规则螺旋形盘绕，一般 2～7 圈，藻丝具薄、坚韧、无色的鞘，横壁不收缢，顶端细胞钝圆，无帽状结构；细胞方形或长略小于宽，宽 1.8～2.1μm。

图 1-21　环离浮鞘丝藻

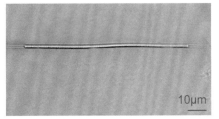

图1-22 湖泊浮鞘丝藻

湖泊浮鞘丝藻 *Planktolyngbya limnetica* (Lemmmer-mann) Komárková-Legnerová & Cronberg，1992：藻丝单生，灰蓝绿色，漂浮，直或略弯曲，藻丝具薄、窄、无色的鞘，横壁不收缢，顶端细胞钝圆或钝尖；细胞圆柱形，无气囊，原生质体均匀，宽0.5~1.8μm。

1.1.10 浮丝藻属 *Planktothrix* Anagnostidis et Komárek，1988

藻丝单生，漂浮生长，直或不规则弯曲，藻丝等极，末端略渐细或不渐细，有时末端细胞具帽状结构。藻丝无鞘也无胶质包被，大量生长时常聚集成团块状，或成不规则簇，或成紧密的丛。细胞圆柱状，具气囊，长小于宽或近方形。

等丝浮丝藻 *Planktothrix isothrix* (Skuja) Komárek & Komárkova，2004：藻丝单生，幼时为着生，长成后自由漂浮，藻丝直或有时略弯曲，末端圆柱形不尖细；细胞长略短于宽或近方形，长2~5.5μm，宽5.5~10μm，具丰富且不规则气囊；顶端细胞圆柱形、宽圆或平圆，罕见圆锥形，无帽状结构或细胞外壁增厚。

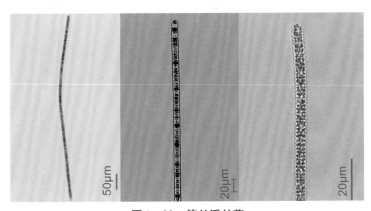

图1-23 等丝浮丝藻

1.1.11 颤藻属 *Oscillatoria* Vauch. ex Gom，1892

藻丝单生或组成皮壳状或块状的漂浮群体，无鞘或罕见极薄的鞘。藻丝直或扭曲，能颤动或旋转式运动。横壁收缢或不收缢，顶端细胞形态多样，末端增厚或具帽状结构。细胞圆盘状，宽是长的数倍，少数具气囊。

简单颤藻 *Oscillatoria simplicissima* (Gomont) 1892；*Phormidium simplicissimum* (Gomont) Anagnostidis & Komárek，1988：藻丝直或柔软，横壁不收缢，不尖细，藻丝呈黄绿色、灰绿色或亮蓝绿色；顶端细胞呈圆形，细胞壁不增厚，无帽状结构；细胞内颗粒均匀，横壁处无颗粒聚集，细胞宽 7～9μm，长 2～4μm。

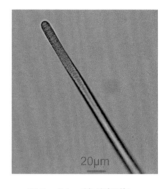

1.1.12 鞘丝藻属 *Lyngbya* C. Ag. ex Gom.，1892
多为附生，少数漂浮生长，藻丝具鞘，由盘状细胞组成。

图 1－24 简单颤藻

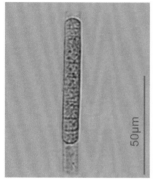

　　希罗（赫氏）鞘丝藻 *Lyngbya hieronymusii* Lemmmermann，1905：丝体宽 12～24μm；鞘坚固，无色；藻丝顶端钝圆，横壁两侧具颗粒及气囊；细胞长 2.5～4μm，宽 11～13μm。

图 1－25 希罗（赫氏）鞘丝藻

1.1.13 节旋藻属 *Arthrospira* Stizenberger ex Gomont，1892
藻丝多细胞，圆柱形，无鞘，松弛而规律地卷曲，通常具相对大的直径和大的螺旋，顶端略或不尖细，顶端细胞钝圆，具或不具帽状结构；横壁明显，常收缢。

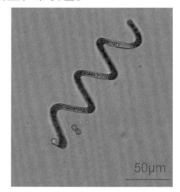

　　钝顶节旋藻 *Arthrospira platensis* Gomont，1892：藻丝单生，呈蓝绿色，规则地螺旋状卷曲，横壁无或有收缢，螺径宽 15～50μm，螺距 40～80μm；细胞长 2～3μm，较宽短，多数具气囊，顶端细胞钝圆。

图 1－26 钝顶节旋藻

1.1.14 长孢藻属 *Dolichospermum* P. Wacklin L. Hoffmanm et J. Komárek，2009
植物体为单一丝体，或不定形胶质块，或柔软膜状；藻丝等宽或末端尖，直或不规则地螺旋状弯曲；细胞球形、桶形；异形胞常为间位；孢子 1 个或几个成串，紧靠异形胞或位于异形胞之间。

伯氏长孢藻 *Dolichospermum bergii*，Wacklin et al.，2009：藻丝单生，自由漂浮，直或微弯，胶鞘不明显，末端细胞渐细；细胞方形或近方形，宽 2.5 ~ 5.5μm，长 2.7 ~ 8.5μm，长宽比 1.5 ~ 4；异形胞近球形，宽 3.4 ~ 6μm，长 13 ~ 30μm，长宽比 0.8 ~ 1.5；厚壁孢子单生，卵形，远离异形胞，宽 5 ~ 6.7μm，长 5.5 ~ 8.0μm，长宽比 0.9 ~ 1.3。

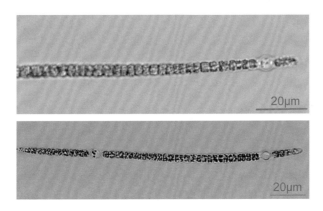

图 1 - 27　伯氏长孢藻

浮游长孢藻 *Dolichospermum planctonica*（Brunnthaler）Wacklin, L. Hoffmann & Komárek，2009：藻丝单生，漂浮生长，藻丝直，具宽的鞘；细胞球形到圆桶形，长常比宽短，宽 9 ~ 15μm，长可达 10μm，具气囊群；异形胞球形，与营养细胞等宽。

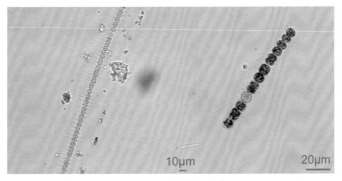

图 1 - 28　浮游长孢藻

卷曲长孢藻 *Dolichospermum circinalis*（Rabenhorst ex Bornet & Flahault）P. Wacklin, L. Hoffmann & J. Komárek, 2009：藻丝规则地螺旋盘绕，多数不具鞘；细胞圆球形，宽 7.5 ~ 13.3μm，长 4.5 ~ 12.5μm，具气囊；异形胞球形，略大于营养细胞，宽 8.0 ~ 13.3μm，长 7.5 ~ 13.3μm；孢子远离异形胞，椭圆形至长圆柱形。

图 1-29　卷曲长孢藻

1.1.15　拟柱孢藻属 *Cylindrospermopsis* Seenayya & Subba Raju, 1972

藻丝自由漂浮，单生，直、弯或似螺旋样卷曲，几个种末端渐狭，无鞘；藻丝等极（藻丝仅具 1 个异形胞，为异极的），近对称，横壁有或无收缢；细胞圆柱形或圆桶形，通常长明显大于宽，呈灰蓝绿色、浅黄色或橄榄绿色，具气囊；末端细胞圆锥形，顶端钝或尖；异形胞位于藻丝末端，卵形、倒卵形或圆锥形，有时略弯曲，似滴水形，具单孔，它们由藻丝顶端细胞不对称的分裂发育形成，而且藻丝两顶端细胞的分裂是不同步的；厚壁孢子椭圆形、圆柱形，在藻丝卷曲的种类中长略弯曲，通常远离异形胞，罕见邻近顶端异形胞，以藻丝断裂作用和厚壁孢子进行繁殖。

拉氏拟柱孢藻 *Cylindrospermopsis raciborskki*（Woloszynska）Seenayya & Subba Raju, 1972：藻丝单生，直或略弯曲，很少不规则螺旋卷曲，自由漂浮；藻丝横壁不规则，收缢不明显；细胞圆柱形或圆桶形，宽 2 ~ 4μm，长 2.5 ~ 12μm；顶端细胞圆锥形狭窄，钝圆；异形胞位于藻丝一端或两端，似水滴状，末端尖细；后壁孢子圆柱形或卵形，靠近异形胞或位于末端。

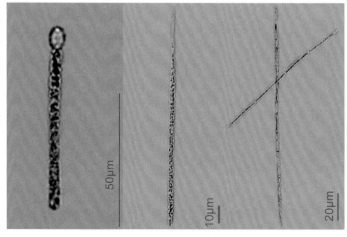

图 1-30　拉氏拟柱孢藻

2 绿藻门 Chlorophyta

绿藻门植物类型多种多样,主要有单细胞鞭毛类、群体鞭毛类、四集体或四胞藻群体、球形、叠状、丝状等。除少数类群细胞裸露无壁,大多数细胞具有细胞壁。细胞壁表面一般是平滑的,有的具颗粒、孔纹、瘤、刺、毛等结构。一般具1个、数个或多个色素体;光合色素系统中含有与高等植物相似的叶绿素 a、叶绿素 b、β–胡萝卜素和叶黄素;大多数种类的色素体内含有1个至数个蛋白核。运动鞭毛细胞通常顶生2条等长鞭毛,少数为1条、6条或8条;鞭毛着生处基部,常具2个伸缩泡。绿藻的繁殖方式有营养繁殖、无性繁殖和有性繁殖,其中营养繁殖有细胞分裂、藻丝断裂、形成胶群体等。本调查中仅检到1纲(绿藻纲),包含38属79种。

绿藻纲 Chlorophyceae

绿藻纲细胞形态多变,单细胞或群体,具鞭毛或无,位于细胞前端。运动细胞外观近乎于辐射对称,具鳞片或无。

2.1.1 衣藻属 *Chlamydomonas* Ehrenherg Berlin&Leipzig,1833

植物体为游动单细胞;细胞球形、卵形、椭圆形或宽纺锤形,常不纵扁。细胞壁平滑,胶被有或无。细胞前端中央具或不具乳状突起,2条等长鞭毛。鞭毛基部具1个或2个伸缩泡。具1个大型的杯状色素体,少数呈片状、"H"形或星状等,1个蛋白核,有时2个或多个。橘红色眼点位于细胞的一侧。

简单衣藻 *Chlamydomonas simplex* Pascher,1927:单细胞球形;细胞直径 9~21μm;细胞壁很薄,基部常略与原生质体分离;色素体杯状,基部明显加厚,具1个球形或略长的蛋白核;细胞前端中央具1个小的、钝圆乳头状突起,具2条等长的鞭毛,基部有2个伸缩泡;眼点大,椭圆形,位于细胞前端1/4处。

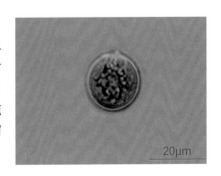

图 2-1 简单衣藻

13

2.1.2 拟球藻属 *Sphaerellopsis* Korshikov，1925

单细胞；原生质体外具宽的胶被，胶被与原生质体形状不同，胶质柔软。胶被球形、椭圆形或圆柱形。原生质体长椭圆形、广纺锤形、卵形、狭长倒卵形或圆柱形，中部出现明显宽厚，后端有时尖细略弯曲，原生质体表层为柔软的周质，杯状色素体基部明显增厚，1个蛋白核；原生质体前端具2条等长的、约为体长或大于体长的鞭毛，2个伸缩泡位于基部；具眼点，有时无。

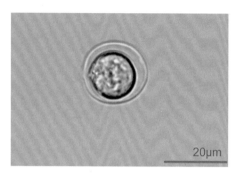

图 2-2　胶拟球藻

胶拟球藻 *Sphaerellopsis gelatinosa*（Korshikov）Gerloff，1940：单细胞，原生质体卵形，宽 6.5～8μm，长 13～14μm，前端形成突起，基部为圆形；原生质体外胶被厚，呈圆形，直径 17～19μm（加胶被），前端与原生质体相连接，后端与原生质体相分离；杯状色素体底部较厚，基部具 1 个蛋白核；细胞前端具 2 条约等于体长的等长鞭毛，2 个伸缩泡位于基部；近圆形眼点位于细胞中部；细胞核位于细胞前端空腔内。

2.1.3 四鞭藻属 *Carteria* Dies. em. Dill，1895

单细胞，球形、心形、卵形或椭圆形，横断面为圆形；色素体常为杯状，少数为"H"形或片状，具 1 个或数个蛋白核；细胞壁平滑，乳头状突起位于细胞前端中央，有时或无，具 4 条等长鞭毛，基部具 2 个伸缩泡；有或无眼点。

球四鞭藻 *Carteria globosa* Pascher，1927：细胞球形，细胞壁柔软，细胞直径 10～28μm；色素体杯状，基部明显增厚，达到细胞的中部，基部具 1 个近似球形的蛋白核；细胞前端中央无乳状突起，具 4 条等长鞭毛，鞭毛等于或略等于体长，基部具 2 个伸缩泡；点状眼点大，位于细胞前端或中部略偏于前端的侧边；细胞核位于细胞近中央偏前端。

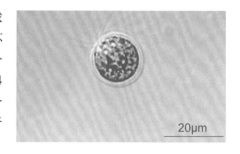

图 2-3　球四鞭藻

2.1.4 翼膜藻属 *Pteromonas* Seligo，1887

单细胞，明显纵扁。囊壳正面观呈球形、卵形，前端宽而平直，或呈正方形到长方形、六角形，角上具或不具翼状突起；侧面观近梭形，中间具 1 条纵向的缝线。囊壳由 2 个半片组成，表面平滑。原生质体小于囊壳，前端靠近囊壳，正面观呈球形、卵形、椭圆形，前端中央具 2 条等长的鞭毛，从囊壳的 1 个开孔伸出，基部具 2 个伸缩泡。色素体杯状或块状，具1个或数个蛋白核。眼点椭圆形或近线形，位于细胞近前端。细胞核位于细胞的中央或略偏前端。

尖角翼膜藻奇形变种 *Pteromonas aculeata* var. *mirifica* K. T. Lee, 1951：细胞纵扁；囊壳由2个半片组成，前缘向上延伸成1个显著的凹陷。囊壳正面观为方形或长方形，具4个角，前端2个角向前延伸，后端2个角向后延伸形成4个角锥形突起；细胞宽25～28μm，长29～33μm；从正面看侧缘具不规则波纹或齿状；侧面观近纺锤形，侧缘具3个波形，波顶尖，细胞前端截形，后端具尖尾；垂直面观为扁六角形，两侧各具1个线形凸起。原生质体正面观为圆形，侧面及垂直面观为椭圆形，与囊壳分离。原生质体宽14～19μm，长17～20μm；色素体杯状，具5～9个蛋白核。

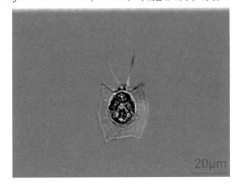

图2-4　尖角翼膜藻奇形变种

戈利翼膜藻近方形变种 *Pteromonas golenkiniana* var. *subquadrata* K. T. Lee, 1951：与尖角翼膜藻奇形变种的区别在于幼细胞囊壳正面观为盾状，前端平直或微凹入，中间具1小凸起，后端钝圆；细胞宽10～14μm，长11～14μm；细胞成熟后囊壳正面观为方形，后端广圆，两侧平直而略向上分开；侧面观为椭圆形，侧缘具3个浅的波纹，后端具一弯的尖尾。原生质体正面观球形，原生质体宽6～11.5μm，长8.5～11.5μm；侧面观呈狭长

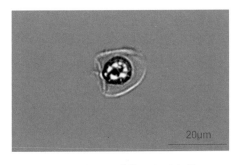

图2-5　戈利翼膜藻近方形变种

菱形；色素体杯状或块状，幼细胞蛋白核1～2个，成熟细胞可达5～6个。眼点位于细胞中部近前端的一侧；细胞前端乳头状突起处着生2条等长的、约等于或略长于体长的鞭毛，2个伸缩泡位于基部。

2.1.5　盘藻属 *Gonium* O. F. Müller, 1773

群体板状，方形，由4～32个细胞组成，排列在1个平面上，具胶被。群体细胞的个体胶被明显，彼此由胶被部分相连而呈网状，中央具1个大的空腔；群体内细胞形态构造相同，球形、卵形或椭圆形，杯状大色素体，近基部具1个蛋白核；细胞前端具2条等长的鞭毛，基部具2个伸缩泡；1个位于细胞近前端的眼点。

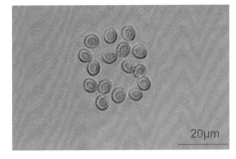

图2-6　盘藻

盘藻 *Gonium pectorale* O. F. Müller, 1773：群体呈方形、板状，绝大多数由 16 个细胞排列在一个平面上，少数由 4 个或 8 个细胞组成；群体直径 28～90μm；细胞宽 5～16μm，长 5～14μm；具 16 个细胞的群体，排成 2 层，外层 12 个细胞，其纵轴与群体平面平行，内层 4 个细胞，纵轴与群体平面垂直。群体胶被内各细胞的个体胶被明显，彼此由短胶被突起相连接，细胞彼此不远离，群体中央具 1 个大的空腔，外层细胞和内层细胞之间具许多小空腔。细胞宽椭圆形到略为倒卵形，色素体杯状，1 个蛋白核；前端具 2 条等长鞭毛，2 个伸缩泡位于基部；眼点位于细胞的前端。

2.1.6　实球藻属 *Pandorina* Bory，1824

定形群体球形或椭圆形，具群体胶被，由 16 个细胞组成，有时可为 4 个、8 个或 32 个。群体细胞彼此紧贴无空隙，位于群体中心。每个细胞前端具 2 条等长的、约为体长的鞭毛，2 个伸缩泡位于基部。色素体多数为杯状、块状或长线状，具 1 个或数个蛋白核和 1 个眼点。

无性生殖时群体内所有细胞均能进行分裂，每个细胞形成 1 个似亲群体。有性生殖为同配和异配生殖。

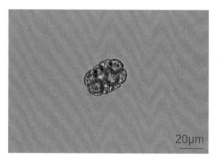

20μm

图 2-7　实球藻

实球藻 *Pandorina morum*（O. F. Müller）Bory，1827：群体球形或椭圆形，由 4 个、8 个、16 个或 32 个细胞组成；群体直径为 20～60μm；群体胶被边缘较狭窄；群体细胞互相紧贴在群体中心，在群体中心有小的空间。细胞倒卵形或楔形，前端钝圆，朝向群体外侧，细胞直径 7～17μm；色素体杯状，1 个蛋白核位于色素体基部；细胞前端中央具 2 条等长的、约为体长的鞭毛，后端逐渐狭窄，2 个伸缩泡位于细胞基部；眼点位于细胞近前端。

2.1.7　空球藻属 *Eudorina* Ehrenberg，1831

定形群体椭圆形，罕见球形，由 16 个、32 个或 64 个细胞组成；群体细胞彼此分离，排列在群体胶被的周边，群体胶被表面平滑或具胶质小刺，个体胶被彼此融合；细胞球形，细胞壁薄，前端朝向群体外侧，中央具 2 条等长鞭毛，2 个伸缩泡位于细胞基部；1 个色素体，呈杯状或为长线形，具 1 个或数个蛋白核；眼点位于细胞前端。

无性生殖为群体细胞分裂产生似亲群体。有性生殖为异配生殖。

空球藻 *Eudorina elegans* Ehrenberg，1832：群体椭圆形或球形，具群体胶被，多数由 32 个细胞组成，少数为 16 个或 64 个；群体直径 50～200μm；群体细胞彼此分离，排列在群体胶被周边，群体胶被表面光滑；细胞球形，细胞直径 10～24μm，细胞壁薄，前端朝向群体外侧，色素体杯状或充满整个细胞，具数个蛋白核；细胞前端中央具 2 条等长的鞭毛，2 个伸缩泡位于细胞基部；眼点位于细胞近前端。

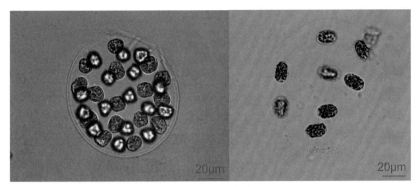

图 2 - 8　空球藻

2.1.8　团藻属 *Volvox* Ehrenberg Abh. Akad. Berlin，1830

真性定形群体球形、卵形或椭圆形，具群体胶被，由 512 个甚至数万个（有时可达 50 000 个）细胞组成。群体细胞彼此分离，排列在群体胶被周边，群体胶被无色，个体胶被彼此融合或不融合。成熟的群体细胞分化成营养细胞和生殖细胞，群体细胞间具或不具细胞质连丝。成熟的群体常包含若干个幼小的子群体。群体细胞球形、卵形、扁球形、多角形、楔形或星形，2 条等长鞭毛位于细胞前端中央，2 个伸缩泡位于细胞基部，或 2~5 个不规则分布于细胞近前端。色素体杯状、碗状或盘状，具 1 个蛋白核。眼点位于细胞的近前端一侧。

无性生殖：群体较成熟时，群体一些细胞形成繁殖胞，位于球形的胶质囊内，体积增大，比营养细胞大 10 倍或更多，失去眼点和鞭毛，色素体内具数个蛋白核，每个繁殖胞垂直分裂形成 8 个、16 个或更多个细胞，具鞭毛的一端朝向群体内侧，为皿状体，经过翻转，发育成子群体，破裂后释放出子群体。

非洲团藻 *Volvox africanus* G. S. West，1910：群体卵形，具群体胶被，由 3 000~8 000 个细胞组成，群体直径为 120~560μm；群体细胞彼此分离，排列在群体胶被周边；雄性群体通常为椭圆形；成熟群体细胞间无细胞质连丝；细胞卵形，细胞直径 4~9μm，色素体杯状，1 个或数个小的蛋白核位于色素体基部；2 条等长的鞭毛位于细胞前端中央处，2 个伸缩泡位于细胞基部；眼点位于细胞近前端的一侧。雌雄同株或雌雄异株，雄性群体一般具 20~400 个卵细胞，合子壁平滑。

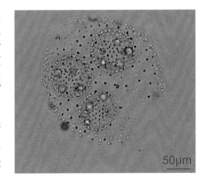

图 2 - 9　非洲团藻

2.1.9　纺锤藻属 *Elakatothrix* Wille，1898

植物体由 2 个、4 个、8 个或更多细胞组成胶群体，罕为单细胞，漂浮或幼时着生，长成后漂浮，群体胶被纺锤形或长椭圆形，无色，不分层；群体细胞纺锤形，其长轴与群体长轴略呈平行，1 个周生、片状色素体，位于细胞一端，具 1 个或 2 个蛋白核。营养繁殖为细胞进行横分裂，几次分裂的子细胞常存留在母细胞胶被中，形成多细胞的群体。

纺锤藻 *Elakatothrix gelatinosa* Wille, 1898：群体长纺锤形到两端钝圆的长椭圆形，常由 4 个、8 个或 16 个细胞组成，群体长可达 150μm，宽 16～38μm；细胞纺锤形，细胞长 15～28μm，宽 3～6μm。

图 2-10　纺锤藻

2.1.10　四集藻属 *Palmella* Lyngbye，1819

植物体为无定形胶质团块，1 个、2 个、4 个或 8 个细胞为一组无规则地分散在胶被中；群体细胞球形到广椭圆形，个体胶被最初明显，后与群体胶被融合，色素体杯状、周生，蛋白核 1 个。营养繁殖为细胞分裂，多次分裂的子细胞包被在细胞胶被中。

黏四集藻 *Palmella mucosa* Kützing，1843：群体为无定形胶质团块，具不规则的凸起，胶被透明、不分层，1 个、2 个、4 个或 8 个细胞为一组无规则地分散在胶被中，个体胶被与群体胶被融合，橄榄色，群体宽可达 10cm；群体细胞球形，细胞直径 6～14μm，1 个周生、杯状色素体。

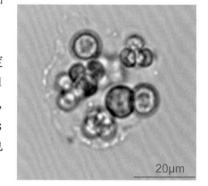

图 2-11　黏四集藻

2.1.11　粗刺藻属 *Acanthosphaera* Lemmermann，1899

植物体为浮游单细胞；细胞球形，细胞壁四周表面具稀疏的长刺，刺的基部粗，上部突然纤细，常常 24 条均匀排列为 6 轮，每轮 4 条；1 个大型周生、杯状色素体，具蛋白核；细胞核位于细胞中央；无性生殖产生动孢子。

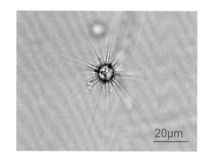

粗刺藻 *Acanthosphaera zachariasi* Lemmermann，1899：球形单细胞，直径 8～18μm，细胞壁具 6～24 根长刺向四周伸出，刺长 23～36μm，刺下部粗大部分通常占全刺长度的 1/4～1/3，长 9～11μm；1 个杯状色素体，1 个蛋白核。

图 2-12　粗刺藻

2.1.12 微芒藻属 *Micractinium* Fresenius，1858

植物体群体四方形、角锥形或球形，由4个、8个、16个、32个或更多细胞有规律地相互聚集，无群体胶被，有时形成复合群体；细胞多为球形或略扁平，细胞外侧的细胞壁具1~10条长粗刺，1个周生、杯状色素体，1个蛋白核或无。

微芒藻 *Micractinium pusillum* Frasenius，1858：群体通常四方形或角锥形，由4个、8个、16个或32个细胞组成，有时可达128个细胞，多数每4个细胞为一组，或每8个细胞为一组，排成球形；刺的基部宽约1μm；细胞球形，细胞直径3~7μm，细胞外侧具2~5条长粗刺，刺长20~35μm，罕为1条，1个杯状色素体，1个蛋白核。

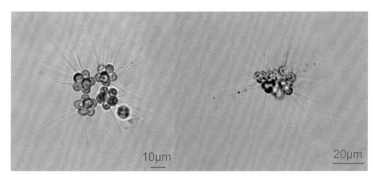

图 2-13　微芒藻

2.1.13 多芒藻属 *Golenkinia* Chodat，1894

植物体为浮游单细胞，有时聚集成群；细胞球形，细胞壁表面具许多排列不规则的纤细短刺，1个周生、杯状色素体，1个蛋白核。

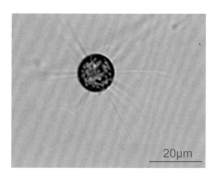

疏刺多芒藻 *Golenkinia paucispina* West & G. S. West，1902：球形单细胞，细胞直径7~19μm；具稀疏纤细的短刺，刺长8~18μm；1个杯状色素体，充满整个细胞，1个蛋白核。

图 2-14　疏刺多芒藻

2.1.14 弓形藻属 *Schroederia* Lemmermann，1898

植物体为浮游单细胞；细胞针形、长纺锤形、新月形、弧曲形或螺旋状，平直或弯曲，细胞两端的细胞壁延伸成长刺，刺直或略弯，末端均为尖形；1 个周生、片状色素体，几乎充满整个细胞，1 个或 2 ~ 3 个蛋白核，细胞核 1 个或多个（老细胞）。

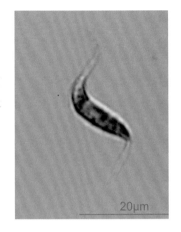

图 2 - 15　螺旋弓形藻

螺旋弓形藻 Schroederia spiralis（Printz）Korshikoff，1953：单细胞，两端尖细并延伸为无色细长的刺，细胞包括刺弯曲为螺旋状；细胞长（包括刺）30 ~ 90μm，宽 3 ~ 7μm，刺长 8 ~ 16μm；1 个片状色素体，常充满整个细胞，1 个蛋白核。

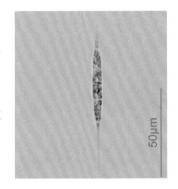

图 2 - 16　拟菱形弓形藻

拟菱形弓形藻 Schroederia nitzschioides（G. S. West）Korschikov，1953：单细胞，长纺锤形，细胞长（包括刺）100 ~ 130μm，宽 3.5 ~ 13μm，两端逐渐尖细，并延伸成伸长的刺，刺长 20 ~ 35μm，两刺的末端常向相反方向微弯曲；1 个片状色素体，有或无蛋白核。

图 2 - 17　弓形藻

弓形藻 Schroederia setigera（Schröder）Lemmermann，1898：单细胞，长纺锤形，细胞长（包括刺）56 ~ 200μm，宽 3 ~ 8μm，直或略弯曲，细胞两端延伸为无色的细长直刺，刺长 13 ~ 27μm，末端尖细；1 个片状色素体，1 个或 2 个蛋白核。

2.1.15　纤维藻属 *Ankistrodesmus* Corda，1838

植物体浮游单细胞，或多个细胞（2 个、4 个、6 个或 8 个甚至 16 个）聚集成群，极少数附着在基质上；细胞纺锤形、针形、弓形、镰形或螺旋形等多种形状，直或弯曲，自中央向两端逐渐尖细，末端尖，罕为钝圆，1 个色素体周生、片状，占细胞的绝大部分，有时为数片，具 1 个蛋白核或无。

镰形纤维藻 *Ankistrodesmus falcatus*（Corda）Ralfs，1848：多为单细胞，或多个细胞（4 个、8 个、16 个或更多）聚集成群，常在细胞中部略凸出处互相贴靠，并以其长轴互相平行成为束状；细胞长纺锤形，细胞长 20～80μm，宽 1.5～4μm，有时略弯曲呈弓形或镰形，自中部向两端逐渐尖细，1 个片状色素体，具 1 个蛋白核。

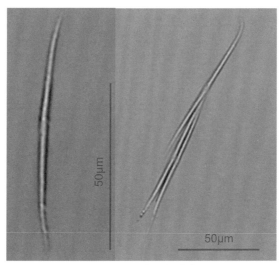

图 2-18　镰形纤维藻

螺旋纤维藻 *Ankistrodesmus spiralis*（W. B. Turner）Lemmermann，1908：单细胞或多个细胞在中部彼此互相卷绕成束（4 个、8 个或更多个），两端均游离；细胞狭长纺锤形，细胞长 20～63μm，宽 1～3.5μm，近 S 形弯曲，两端渐尖，末端尖锐；1 个周生、片状色素体。

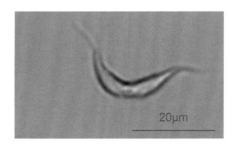

图 2-19　螺旋纤维藻

伯纳德纤维藻 *Ankistrodesmus bernardii* Komárek，1983：植物体为束状或近球形群体，由多个细胞（4个、8个、16个、32个、64个、128个）在中部互相缠绕并呈星状发散聚集；细胞长 36 ~ 114μm，直径 1 ~ 3μm；细胞狭长纺锤形，近两端逐渐狭窄，末端尖，有时呈 S 状弯曲；1 个片状色素体，几乎充满整个细胞，无蛋白核。

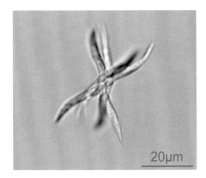

图 2 - 20　伯纳德纤维藻

2.1.16　小箍藻属 *Trochiscia* Kützing，1845

植物体浮游或有时为半气生，单细胞或彼此粘连成小丛；细胞球形或近球形，细胞壁厚，具窝孔、小刺、网纹、颗粒、瘤、脊状突起等花纹，成熟细胞具 1 到数个盘状、板状色素体，每个色素体具 1 个或多个蛋白核。

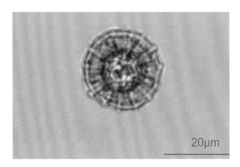

网纹小箍藻 *Trochiscia reticularis*（Reinsch）Hansgirg，1888：浮游球形单细胞，直径 27 ~ 47μm，细胞壁厚，具向外凸出的脊，由脊构成网纹，网孔多角形，网孔在 70 个以上，数个盘状色素体，1 个蛋白核。

图 2 - 21　网纹小箍藻

2.1.17　顶棘藻属 *Chodatella* Lemmermann，1898

植物体单细胞，浮游；细胞椭圆形、卵形、柱状长圆形或扁球形，细胞壁薄，细胞的两端或两端和中部均有对称排列的长刺，刺的基部具或不具结节，色素体周生，片状或盘状，1 个到数个，各具 1 个蛋白核或无。

十字顶棘藻 *Chodatella wratislaviensis*（Schröder）Ley，1948：椭圆形单细胞，细胞长 7 ~ 14μm，宽 2.5 ~ 8.5μm；两端广圆，常微尖，细胞两端及两侧中间各具 1 条刺，刺长 8 ~ 27μm，排列在一个平面上，呈十字形，刺直或略弯，基部增厚或具结节；1 个片状色素体，1 个蛋白核。

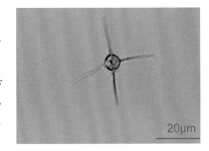

图 2 - 22　十字顶棘藻

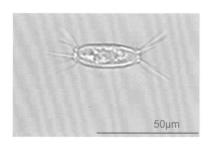

盐生顶棘藻 *Chodatella subsalsa*（Lemmermann）Lermmermann，1898：椭圆形单细胞，细胞长 5 ~ 13μm，宽 2.5 ~ 8.5μm；两端钝圆，细胞两端各具 2 ~ 4 条长刺，刺长 8 ~ 25μm；1 个片状色素体，具 1 个蛋白核。

图 2 - 23　盐生顶棘藻

2.1.18　四角藻属 *Tetraëdron* Kützing，1845

植物体为浮游单细胞；细胞扁平或角锥形，具 3 个、4 个或 5 个角，角分叉或不分叉，角延长成突起或无，角或突起顶端的细胞壁常突出为刺；1 个到多个周生、盘状或多角片状色素体，各具 1 个蛋白核或无。

细小四角藻 *Tetraëdron pusillum*（Wallich）West & G. S. West，1897：扁平单细胞，细胞长 28 ~ 33μm，宽 25 ~ 27μm；正面观为长方的四角形，侧缘凹入，具 4 个角，角延长成较长的角状突起，其顶端具 2 个粗短刺，侧面观为长椭圆形；1 个多边角片状色素体。

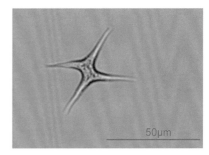

图 2 - 24　细小四角藻

整齐四角藻 *Tetraëdron regulare* Kützing，1845：三角锥形单细胞，细胞宽 14 ~ 45μm，侧缘略凸出或平直，具 4 个角，角顶具 1 条短粗刺，刺长 2 ~ 9μm。

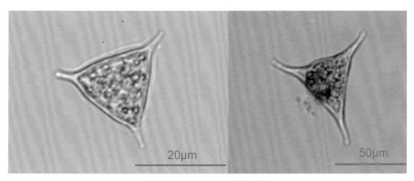

图 2 - 25　整齐四角藻

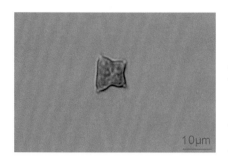

图 2 - 26　微小四角藻

微小四角藻 *Tetraëdron minimum*（A. Braun）Hansgirg, 1888：扁平单细胞，细胞宽 6 ~ 20μm，厚 3 ~ 7μm；正面观为四方形，侧缘凹入，有时一侧边缘比另一侧的内凹程度大，角圆形，角顶罕具一小突起，侧面观为椭圆形，1 个片状色素体，1 个蛋白核；细胞壁平滑或具颗粒。

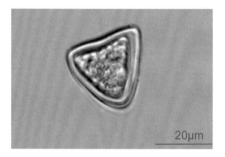

图 2 - 27　膨胀四角藻

膨胀四角藻 *Tetraëdron tumidulum*（Reinsch）Hansgirg, 1889：三角锥形单细胞，细胞宽 15 ~ 53μm；侧缘略凹入或平直或略凸出，具 4 个角，角钝圆，末端有时略扩展呈节状；1 个三角形色素体。

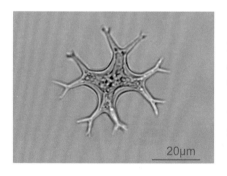

图 2 - 28　不正四角藻

不正四角藻 *Tetraëdron enorme*（Ralfs）Hansgirg, 1888：不规则四角形或多角形单细胞，细胞宽 25 ~ 45μm；具 4 个短的角状突起，角状突起不在一个平面上；两角状突起间的边缘凹入，每个角状突起顶端二次分叉，第二次分叉顶端具 2 个粗短刺；色素体多边角形。

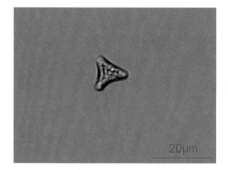

图 2 - 29　三叶四角藻

三叶四角藻 *Tetraëdron trilobulatum*（Reinsch）Hansgirg, 1889：扁平三角形单细胞，细胞宽 12 ~ 25μm，厚 5 ~ 9μm；侧缘凹入，角宽，末端钝圆，细胞壁平滑；1 个三角形色素体。

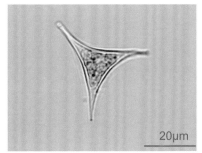

图 2-30 三角四角藻小形变种

三角四角藻小形变种 *Tetraëdron trigonum* var. *gracile* Di Toni, 1889：扁平三角形单细胞, 细胞含刺宽 25～40μm；侧面观为椭圆形, 细胞侧缘略凹入, 角顶具 1 条直或略弯的粗刺, 刺长 8～12μm；1 个三角形色素体。

2.1.19　拟新月藻属 *Closteriopsis* Lemmermann, 1899

植物体为浮游单细胞；细胞长方形或针形, 两端渐尖并略弯曲, 1 个周生、带状色素体, 几乎达细胞的两端, 具几个或多个排成一列的蛋白核。

拟新月藻 *Closteriopsis longissima* Lemmermann, 1899：狭长单细胞, 呈针形, 细胞长 190～530μm, 宽 2.5～7.5μm；细胞两侧近乎平行, 两端渐尖, 稍弯曲, 1 个周生、带状色素体, 多个排成一列的蛋白核。

2.1.20　四棘藻属 *Treubaria* Bernard, 1908

植物体为浮游单细胞；细胞三角锥形、四角锥形、不规则的多角锥形、扁平三角形或四角形, 角广圆, 角间的细胞壁略凹入, 各角的细胞壁突出为粗长刺, 1 个杯状色素体, 色素体具 1 个或多个蛋白核（老细胞）, 充满整个细胞。

图 2-31　拟新月藻

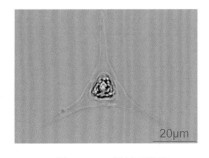

图 2-32　粗刺四棘藻

粗刺四棘藻 *Treubaria crassispina* G. M. Smith, 1926：单细胞, 三角锥形到近三角锥形, 细胞不包括刺宽 12～15μm；具近圆柱形长粗刺, 刺长 30～60μm, 刺基部宽 4～6μm, 顶端急尖；1 个杯状色素体。

2.1.21　蹄形藻属 *Kirchneriella* Schmidle，1893

植物体为浮游群体，包被在胶质的群体胶被内，常 4 个或 8 个为 1 组；细胞新月形、半月形、蹄形、镰形或圆柱形，两端锐尖或钝圆，1 个周生、片状色素体，除细胞凹侧中部外充满整个细胞，具 1 个蛋白核。

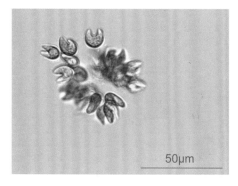

蹄形藻 *Kirchneriella lunaris*（Kirchner）Möbius，1894：群体内细胞不规则地排列在球形群体的胶被中，多由 4 个或 8 个细胞为一组，群体直径 80～250μm；群体细胞多以外缘凸出部分朝向共同的中心；细胞梯形，细胞长 6～13μm，宽 3～8μm，两端渐尖细，顶端锥形，1 个片状色素体，充满整个细胞，1 个蛋白核。

图 2－33　蹄形藻

扭曲蹄形藻 *Kirchneriella contorta*（Schmidle）Bohlin，1897：群体细胞彼此分离，多由 16 个细胞组成，不规则地排列在群体胶被中；细胞圆柱形、弓形或螺旋状弯曲（不超过 1.5 转），细胞长 7～20μm，宽 1～2μm，两端钝圆，1 个色素体，充满整个细胞，不具蛋白核。

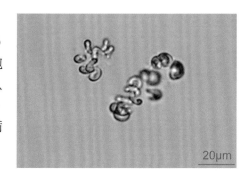

图 2－34　扭曲蹄形藻

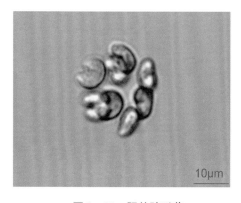

肥壮蹄形藻 *Kirchneriella obesa*（West）West & G. S. West，1894：群体细胞不规则地排列在球形群体的胶被中，多由 4 个或 8 个细胞为一组，群体直径 30～80μm；群体细胞多以外缘凸出部分朝向共同的中心；细胞梯形或近梯形，肥壮，细胞长 6～12μm，宽 3～8μm，两端略细、钝圆，两侧中部近于平行，1 个片状色素体，充满整个细胞，1 个蛋白核。

图 2－35　肥壮蹄形藻

2.1.22 月牙藻属 *Selenastrum* Reinsch，1867

植物体为无群体胶被群体，浮游，常常 4 个、8 个或 16 个细胞为一组，数组彼此联合成多达 128 个细胞以上的群体，罕为单细胞的；细胞新月形、镰形、两端尖，同一母细胞产生的个体彼此以背部凸出的一侧相靠排列，1 个周生、片状色素体，除细胞凹侧的小部分外，充满整个细胞，具 1 个蛋白核或无。

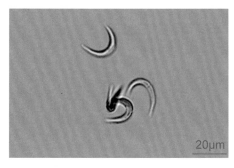

图 2 - 36　纤细月牙藻

纤细月牙藻 *Selenastrum gracile* Reinsch，1866：植物体常由 8 个、16 个、32 个或 64 个细胞聚集成群，每 4 个细胞以其背部凸出一侧相靠排列；细胞新月形、镰形，细胞长 15 ~ 30 μm，宽 3 ~ 5 μm，中部相当长的部分几乎等宽，较狭长，两端渐尖而同向弯曲，两顶端直线距离 8 ~ 28 μm，1 个片状色素体，位于细胞中部，1 个蛋白核。

月牙藻 *Selenastrum dibraianum* Reinsch，1866：植物体常由 4 个、8 个、16 个或更多个细胞聚集成群，以细胞背部凸出一侧相靠排列；细胞新月形或镰形，细胞长 20 ~ 38 μm，宽 5 ~ 8 μm，两端同向弯曲，两顶端直线距离 5 ~ 25 μm，自中部向两端逐渐尖细，较宽短，1 个色素体，1 个蛋白核。

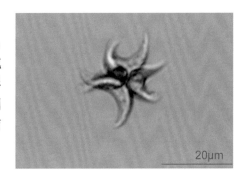

图 2 - 37　月牙藻

2.1.23 卵囊藻属 *Oocystis* Nägeli，1855

植物体为单细胞或由 2 个、4 个、8 个或 16 个细胞组成的群体，细胞包被在部分胶化膨大的母细胞壁中；细胞椭圆形、卵形、纺锤形、长圆形、柱状长圆形等，细胞壁平滑，有些种类在细胞两端具短圆锥状增厚，细胞壁扩大和胶化时，圆锥状增厚不胶化，1 个或多个周生、片状、多角形块状、不规则盘状色素体，每个色素体具 1 个蛋白核或无。

无性生殖产生 2 个、4 个、8 个或 16 个似亲孢子。

波吉卵囊藻 *Oocystis borgei* J. W. Snow，1903：由 2 个、4 个或 8 个细胞包被在部分胶化膨大的母细胞壁内组成椭圆形群体，罕为单细胞；细胞椭圆形，两端广圆，细胞长 10 ~ 30 μm，宽 9 ~ 15 μm；2 ~ 4 个片状色素体，各具 1 个蛋白核。

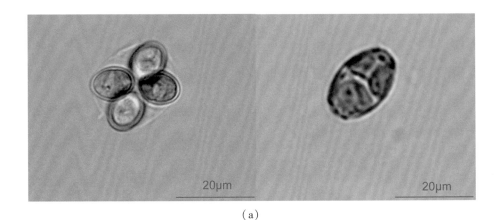

（a）

（b）

图 2 - 38 波吉卵囊藻

湖生卵囊藻 *Oocystis lacustris* Chodat, 1897：浮游群体或罕为单细胞，群体常由 2 个、4 个或 8 个包被在部分胶化膨大的母细胞壁内的细胞组成；细胞椭圆形或宽纺锤形，长 14 ~ 32μm，宽 8 ~ 22μm，两端渐尖并具短圆锥状增厚，1~4 个片状色素体，各具 1 个蛋白核。

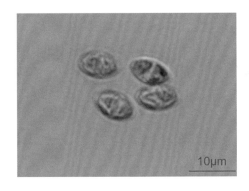

图 2 - 39 湖生卵囊藻

2.1.24 肾形藻属 *Nephrocytium* Nägeli，1849

植物体浮游群体，群体常由 2 个、4 个、8 个或 16 个细胞组成，群体细胞包被在母细胞壁胶化的胶被中，常呈螺旋状排列；细胞肾形、卵形、新月形、半球形、柱状长圆形或长椭圆形等，弯曲或稍弯曲，1 个周生、片状色素体，随细胞的成长而分散充满整个细胞，具 1 个蛋白核，常具多数淀粉颗粒。

肾形藻 *Nephrocytium agardhianum* Nägeli，1849：群体常由 2 个、4 个或 8 个细胞组成；细胞肾形，长 6 ~ 28μm，宽 2 ~ 12μm，一侧略凹入，另一侧略凸出，两端钝圆，1 个片状色素体，随细胞的成长而分散充满整个细胞，1 个蛋白核。

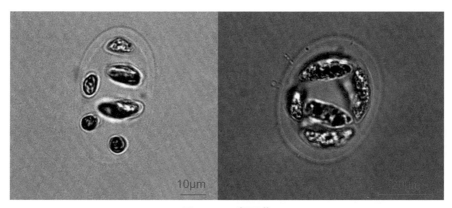

图 2 - 40　肾形藻

2.1.25 并联藻属 *Quadrigula* Printz，1915

植物体为群体，由 2 个、4 个、8 个或更多个细胞聚集在一个共同的透明胶被中，细胞常 4 个为一组，其长轴与群体长轴互相平行排列，细胞上下两端平齐或互相错开，浮游；细胞纺锤形、新月形、近圆柱形到长椭圆形，直或略弯曲，细胞长度为宽度的 5 ~ 20 倍，两端略尖细，色素体周生、片状，1 个，位于细胞的一侧或充满整个细胞，具 1 个或 2 个或无蛋白核。

无性生殖通常产生 4 个似亲孢子，生殖时 4 个似亲孢子为一组，以其长轴与其母细胞的长轴相平行。

柯氏并联藻 *Quadrigula chodatii* (Tanner-Füllemann) G. M. Smith，1920：浮游群体由 4 个、8 个或更多细胞聚集在一个共同的透明胶被内，宽纺锤形，细胞常 4 个为一组，其长轴与群体长轴互相平行排列，细胞上下两端平齐或互相错开；细胞纺锤形、新月形、近圆柱形到长椭圆形，长 18 ~ 80μm，宽 2.5 ~ 7μm；直或稍弯曲，细胞长度为宽度的 5 ~ 20 倍，两端略尖细，1 个周生、片状色素体，位于细胞的一侧或充满整个细胞，1 个或 2 个或无蛋白核。

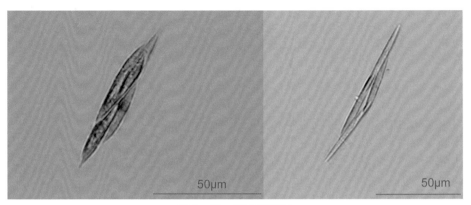

图 2 - 41　柯氏并联藻

2.1.26　球囊藻属 *Sphaerocystis* Chodat，1897

植物体为定形漂浮胶群体，由多个细胞（2 个、4 个、8 个、16 个或 32 个）组成，各细胞以等距离规律地排列在群体胶被四周；群体细胞球形，细胞壁明显，色素体周生、杯状，在老细胞中则充满整个细胞，具 1 个蛋白核。

球囊藻 *Sphaerocystis schroeteri* Chodat，1897：群体漂浮，由 2 个、4 个、8 个、16 个或 32 个细胞组成胶群体，球形，群体直径 34 ~ 500μm，胶被无色、透明，或由于铁的沉淀而呈黄褐色；群体细胞球形，直径 6 ~ 22μm，色素体周生、杯状，具 1 个蛋白核；无性生殖产生动孢子和似亲孢子，常有部分细胞分裂产生 4 个或 8 个子细胞，其在母群体中具有自己的胶被，形成子群体。

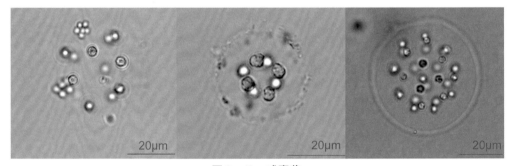

图 2 - 42　球囊藻

2.1.27　盘星藻属 *Pediastrum* Meyen，1829

植物体为浮游真性定形群体，扁平盘状、星状，有时卵形或略不整齐；常由多个细胞（4 个、8 个、16 个、32 个、64 个或 128 个）排列成一层细胞厚的群体，群体无穿孔或具穿孔；群体边缘细胞常具 1 个、2 个或 4 个突起，有时突起上具长的胶质毛丛，群体边缘内的细胞多角形，细胞壁平滑、具颗粒、细网纹，幼细胞具 1 个周生、圆盘状色素体，1 个蛋白核，细胞成熟后色素体分散，具 1 个到多个蛋白核且具 1 个、2 个、4 个或 8 个细胞核。

单角盘星藻 *Pediastrum simplex* Meyen，1829：真性定形群体，由 16 个、32 个或 64 个细胞组成，群体细胞间无穿孔或具极小穿孔；群体边缘细胞常为五边形，细胞（不包括角状突起）长 12～18μm，宽 12～18μm，其外壁具 1 个圆锥形的角状突起，突起两侧凹入，群体内层细胞五边形或六角形，细胞壁常具颗粒。

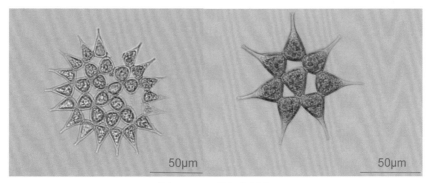

图 2 - 43　单角盘星藻

单角盘星藻具孔变种 *Pediastrum simplex* var. *duodenarium* (Bailey) Rabenhorst，1868：此变种与原变种的不同为真性定形群体细胞间具大穿孔；群体边缘细胞内的细胞近三角形，三边均凹入，细胞长 27～28μm，宽 11～15μm；外层细胞具尖而长的角突，角突长 13～21μm。

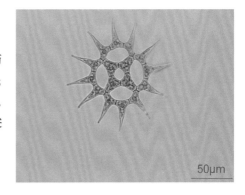

图 2 - 44　单角盘星藻具孔变种

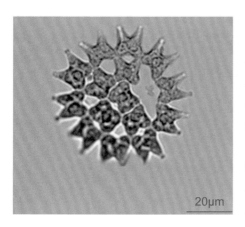

图 2 - 45　二角盘星藻

二角盘星藻 *Pediastrum duplex* Meyen，1829：真性定形群体，由 8 个、16 个、32 个、64 个、128 个细胞（常为 16 个、32 个细胞）组成，具小的透镜状穿孔，16 个细胞群体直径 65～85μm；群体边缘细胞近四边形，具 2 个顶端钝圆后平截的角突，细胞间以其基部相连接，细胞长 11～21μm，宽 8～21μm；群体内层细胞近四方形，细胞壁平滑，各边均凹入，临近细胞间细胞侧壁的中部彼此不相连，内层细胞长 10～14μm，宽 10～20μm。

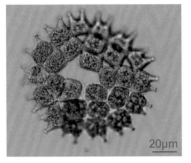

图 2-46　二角盘星藻大孔变种

二角盘星藻大孔变种 *Pediastrum duplex* var. *clathratum* Schröter 1883：此变种具较大的穿孔，直径可达 10μm，4 个细胞的群体呈中央大孔；群体边缘细胞外壁扩展成 2 个较长突起，细胞长 10 ~ 11μm，宽 7 ~ 8μm；群体内层细胞侧缘明显凹入，不为四方形，内层细胞长 6 ~ 8μm，宽 7 ~ 8μm。

二角盘星藻纤细变种 *Pediastrum duplex* var. *gracillimum* West & West, 1895：此变种细胞狭长，细胞长 12 ~ 32μm，宽 10 ~ 22μm；群体缘边细胞具 2 个长突起，与细胞宽度约相等，群体内层细胞与缘边细胞相似。

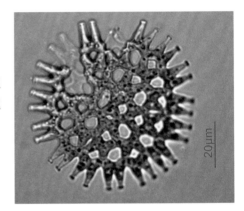

图 2-47　二角盘星藻纤细变种

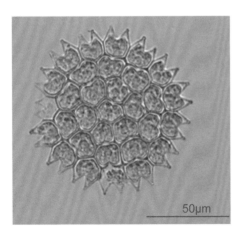

图 2-48　短棘盘星藻

短棘盘星藻 *Pediastrum boryanum* (Turpin) Meneghini, 1840：真性定形群体，由 4 个或 8 个、16 个、32 个或 64 个细胞组成，无穿孔，群体直径 40 ~ 89μm；缘边细胞外壁具 2 个钝的角状突起，两角突尖具较深的缺刻，外层细胞长 9 ~ 17μm（其中角突长 4 ~ 5μm），宽 8 ~ 16μm，内层细胞长 8 ~ 12μm，宽 9 ~ 18μm；群体细胞五边形或六边形，以细胞壁和基部与邻近细胞连接，细胞壁具颗粒。

四角盘星藻四齿变种 *Pediastrum tetras* var. *tetraodon*（Corda）Rabenhorst，1868：真性定形群体，由 4 个、8 个、16 个或 32 个（常为 8 个）细胞组成，无穿孔；群体缘边细胞的外壁具深缺刻，缺刻分成 2 个裂片的外侧延伸成 2 个尖的钩状突起，外层细胞长 7~11μm（其中角突长 3~4μm），宽为 5~10μm；群体内层细胞五边形或六边形，具一深的线形缺刻，内层细胞长 7~8μm，宽 5~10μm，细胞壁平滑。

图 2-49　四角盘星藻四齿变种

2.1.28　栅藻属 *Scenedesmus* Meyen，1829

真性定形群体，多由 2 个、4 个或 8 个细胞组成，有时由 16 个或 32 个细胞组成，绝少数为单个细胞的，群体中的各个细胞以其长轴在一平面上线形或交错地排列成 1 列或 2 列，罕见仅以其末端相接呈屈曲状；细胞卵形、椭圆形或长圆形等，细胞壁平滑，细胞末端钝圆。

双对栅藻交错变种 *Scenedesmus bijuga* var. *alternans*（Reinsch）Borge，Ark. Bot.，1906：真性定形群体，扁平，由 2 个、4 个或 8 个细胞组成，群体细胞直线排列成一行，平齐或偶尔交错排列，4 个细胞的群体宽 16~25μm；细胞卵形或长椭圆形，两端宽圆，细胞长 7~18μm，宽 4~6μm，细胞壁平滑。

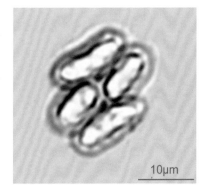

图 2-50　双对栅藻交错变种

2.1.29　链带藻属 *Desmodesmus* Chodat，1926

该属特征与栅藻属的区别在于细胞表面具刺、突起或齿。

披甲链带藻双尾变种 *Desmodesmus armatus* var. *bicaudatus* E. Hegewald，（曾用名：*Scenedesmus armatus* var. *boglariensis* f. *bicaudatus*），2000：真性定形群体，由 2 个、4 个或 8 个细胞组成，直线排成一行，平齐；细胞卵形至长椭圆形，细胞直径 3~8μm，长 7~20μm；全体细胞或仅中间细胞具连续或不连续的纵脊，纵脊在细胞两端延伸成小突起；外侧细胞仅在相反方向的顶端各具 1 刺，刺长 3~10μm，而群体外侧细胞另一顶端与群体另一侧细胞相反位置的顶端均无刺。

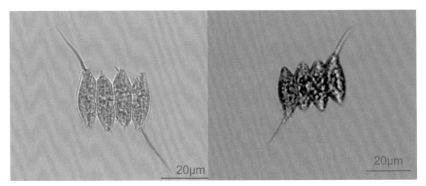

图2-51 披甲链带藻双尾变种

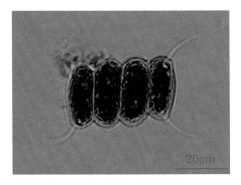

图2-52 普通链带藻

普通链带藻 Desmodesmus communis（E. Hegewald）E. Hegewald（曾用名：Scenedesmus quadricauda），2000：真性定形群体由2个、4个或8个细胞组成；直线排成一行；细胞长圆形到长圆柱形，两端宽圆；细胞直径 3～8 μm，长 7～22 μm，刺长 7～15 μm；外侧细胞两端各具1根长而粗壮且略弯的刺，中间细胞光滑无刺。

裂孔链带藻 Desmodesmus perforatus（Lemmermann）E. Hegewald（曾用名：Scenedesmus perforatus），2000：真性定形扁平群体，常由4个细胞组成，群体细胞并列直线排成一列，4个细胞的群体宽 15～32 μm；群体细胞近长方形，细胞长 12～24 μm，宽 3.5～8 μm，外侧细胞的游离面的细胞壁凸出，其内壁凹入，其两端外角处各具一向外斜向弯曲的长刺，中间细胞的侧壁凹入，仅以上下两端很少部分与相邻细胞连接，形成大的双凸透镜状的间隙，细胞壁平滑。

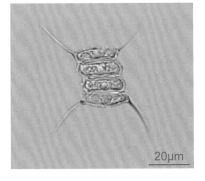

图2-53 裂孔链带藻

齿牙链带藻 Desmodesmus denticulatus（Lagerheim）An，T. Friedl et E. Hegewald（曾用名：Scenedesmus denticulatus），1999：真性定形扁平群体，由2个或4个细胞组成，群体细胞排列略呈直线或交错排列，4个细胞的群体宽 20～28 μm；细胞卵形、椭圆形，细胞直径 3～6 μm，长 8～15 μm，细胞两端各具1～4（常2）个小齿；细胞壁光滑，较厚。

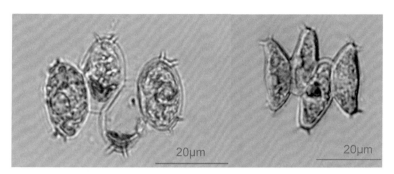

图 2-54 齿牙链带藻

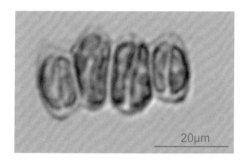

图 2-55 巴西链带藻

巴西链带藻 *Desmodesmus brasiliensis* (Bohlin) E. Hegewald（曾用名：*Scenedesmus brasiliensi*），2000：真性定形扁平群体，多由 4 个细胞组成，有时由 2 个或 8 个细胞组成，群体细胞并列呈单列，4 个细胞的群体宽 12~22μm；细胞卵圆柱形或长椭圆形，细胞长 11~24μm，宽 3~5.5μm，群体细胞游离面的中央线上各具一条自一端纵向伸至另一端的隆起线，每个细胞上下两端各具 1~4 个小齿状凸起。

阿尔达链带藻 *Desmodesmus aldavei* E. Hegewald（曾用名：*Scenedesmus aldavei*），2000：真性定形群体，由 2 个、4 个或 8 个细胞组成，细胞呈线形排列或稍有不规则的交错排列，2 个细胞群体宽 15μm；细胞长卵圆形到圆柱形，末端宽圆，边缘细胞平直或略凹或略凸，细胞大小 4μm×8μm；边缘细胞的亚顶端对角状着生 2 根长刺，长度为细胞长度的 1/2 或更短。

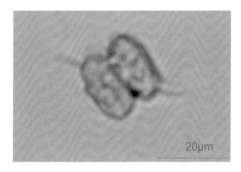

图 2-56 阿尔达链带藻

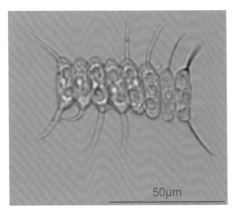

图 2 - 57　大型链带藻

大型链带藻 Desmodesmus magnus（Meyen）Tsarenko（曾用名：Scenedesmus longus），2000：真性定形群体，由 4 个或 8 个细胞直线或略交错地排列成 1 行，细胞长圆形或椭圆形，长 8 ~ 10μm，宽 4 ~ 7μm，外侧细胞两极各具 1 根长刺，刺长 8 ~ 12μm；内部细胞两极具长刺或无，或者中间细胞各在一端具 1 根长刺，另一端具 1 小齿。

不等链带藻 Desmodesmus dispar（Brébisson）E. Hegewald（曾用名：Scenedesmus dispar），2000：真性定形群体，由 4 个或 8 个细胞略交错排列成一行，细胞长卵形，长 13 ~ 15μm，宽 5 ~ 7μm；外侧细胞两端各具 1 ~ 2 根短刺，刺长 3 ~ 5μm，中间细胞钝圆的一端具 1 根刺。

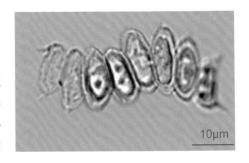

图 2 - 58　不等链带藻

隆顶链带藻 Desmodesmus protuberans（F. E. Fritsch et M. F. Rich）E. Hegewald（曾用名：Scenedesmus protuberans），2000：由 4 个细胞直线排列成 1 行组成定形群体，外侧细胞舟形，其两端具 1 长刺，刺长 8 ~ 12μm，中间细胞长椭圆形，各细胞两端呈喙状突起，细胞直径 3 ~ 4μm，长 9 ~ 10μm。

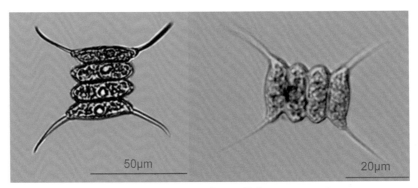

图 2 - 59　隆顶链带藻

2.1.30　四带藻属 Tetradesmus G. M. Smith，1913

该属特征与栅藻属特征较为相似，区别在于细胞两端尖。

厚顶四带藻 Tetradesmus incrassatulus（Bohlin）M. J. Wynne，（曾用名：Scenedesmus in-

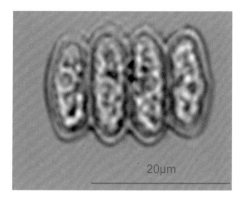

图 2-60　厚顶四带藻

crassatulus），2015：真性定形群体，由 2 个、4 个或 8 个细胞组成，交错或略呈直线排成 1 或 2 行；细胞披针形至纺锤形，细胞宽 2 ~ 11μm，长 9 ~ 28μm，一侧略平直，另一侧略突出，外侧细胞的游离面略外凸；所有细胞的两端均具乳突。

爪哇四带藻 *Tetradesmus javanensis*（Chodat）Tsarenko in Tsarenko et Petlevanny，2001：真性定形群体，由 2 个、4 个或 8 个细胞组成屈曲状，群体细胞以其尖细的顶端与邻近细胞中部的侧壁连接，形成屈曲状，4 个细胞群体宽 30 ~ 40μm；群体两侧部分的细胞为镰形，中间的细胞纺锤形或新月形，细胞长 12.5 ~ 22μm，宽 3 ~ 5μm，上下两端逐渐尖细，细胞壁平滑。

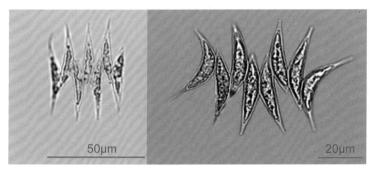

图 2-61　爪哇四带藻

尖细四带藻 *Tetradesmus acuminatus*（Lagerheim）M. J. Wynne（曾用名：*Scenedesmus acuminatus*），2015：真性定形群体，由 4 个、8 个细胞组成，群体细胞不在同一直线上排列，以中部侧壁互相连接，4 个细胞群体宽 7 ~ 14μm；细胞弓形、纺锤形或新月形，细胞长 19 ~ 40μm，宽 3 ~ 7μm，每个细胞的上下两端逐渐尖细，细胞壁平滑。

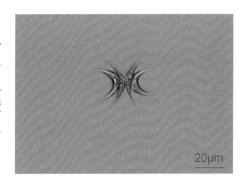

图 2-62　尖细四带藻

二形四带藻 *Tetradesmus dimorphus*（Turpin）M. J. Wynne（曾用名：*Scenedesmus dimorpha*），2015：真性定形扁平群体，由 4 个或 8 个细胞组成（多为 4 个），细胞直线排列成 1 行或交错排列成 2 行；细胞存在两种形状，中间细胞直纺锤形，上下两端渐尖，外侧细胞新月形或镰形，两端均较尖，细胞直径 3 ~ 6μm，长 12 ~ 37μm；细胞壁平滑。

图 2 - 63　二形四带藻

2.1.31　韦斯藻属 *Westella* Wildemann，1897

植物体为复合真性定形群体，具或不具胶被，群体由 4 个细胞四方形排列在一个平面上，各个细胞间以其细胞壁紧密相连，各群体间以残存的母细胞壁相连；细胞球形，细胞壁平滑，1 个周生、杯状色素体，细胞成熟后色素体常分散，具 1 个蛋白核。

无性生殖产生似亲孢子，每个母细胞的原生质体同时分裂成 4 个，有时分裂成 8 个，产生 8 个似亲孢子时，则形成两个 4 个细胞的定形群体。

丛球韦斯藻 *Westella botryoides*（West）De Wildeman，1897：真性定形群体，由 4 个细胞呈四边形排列在一个平面上，各个细胞间以其细胞壁紧密相连，各群体间以残存的母细胞壁相连成为复合群体；细胞球形，直径 3 ~ 9μm，细胞壁平滑。

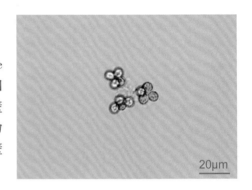

图 2 - 64　丛球韦斯藻

2.1.32　四星藻属 *Tetrastrum* Chodat，1895

植物体为真性定形群体，由 4 个细胞组成四方形或十字形排列在一个平面上，中心具或不具一小孔隙，各个细胞间以其细胞壁紧密相连，罕见形成复合的真性定形群体；细胞三角形、近三角锥形、球形或卵形，其外侧游离面凸出或略凹入，细胞壁具颗粒或具 1 ~ 7 条或长或短的刺，1 ~ 4 个周生，片状或盘状色素体，具蛋白核或无。

异刺四星藻 *Tetrastrum heteracanthum*（Nordstedt）Chodat，1895：真性定形群体，由 4 个细胞组成，呈方形排列，群体中央具方形小孔隙；群体细胞宽三角形，细胞长 3 ~ 4μm，宽 7 ~ 8μm，细胞外侧游离面略凹入或呈广圆形，在其两角处各具 1 条长和短的向外伸出的粗刺，长刺长 12 ~ 16μm，短刺长 3 ~ 8μm，群体的 4 个细胞的 4 条长刺和 4 条短刺相间排列，1 个片状色素体，具 1 个蛋白核。

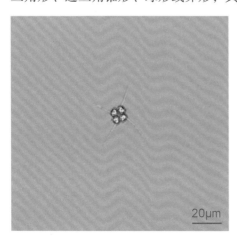

图 2 - 65　异刺四星藻

2.1.33 十字藻属 *Crucigenia* Morrer，1830

植物体由 4 个细胞呈十字形排列成椭圆形、卵形、方形或长方形真性定形群体，浮游，群体中央常具或大或小的方形空隙，常具不明显的群体胶被，子群体常被胶被粘连在一个平面上，形成板状的复合真性定形群体；细胞椭圆形、梯形、半圆形或三角形，1 个周生、片状色素体，具 1 个蛋白核。无性生殖产生似亲孢子。

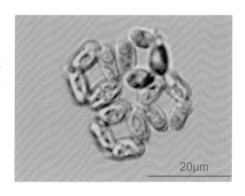

铜线形十字藻 *Crucigenia fenestrata* Schmidle，1900：由 4 个细胞排成方圆形的真性定形群体，其中心具一个大的空隙，群体长和宽 10 ~ 14μm；老细胞椭圆形或近梯形，外壁游离面略凸出，细胞长 7 ~ 9μm，宽 3.5 ~ 4.5μm。

图 2 - 66　铜线形十字藻

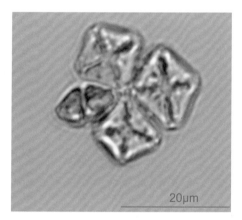

图 2 - 67　四足十字藻

四足十字藻 *Crucigenia tetrapedia*（Kirchner）Kuntze，1898：真性定形群体，由 4 个细胞排成四方形子群体，子群体常由胶被粘连在一个平面上，形成 16 个细胞的板状复合群体；细胞三角形，长 3.5 ~ 9μm，宽 5 ~ 12μm，细胞外壁游离面平直，角尖圆，色素体片状，具 1 个蛋白核。

十字十字藻 *Crucigenia crucifera*（Wolle）O. Kuntze，1898：由 4 个细胞排列成斜长方形或长方形的真性定形群体，群体中央具长方形孔隙；常由单一群体组合成复合群体；细胞长圆形或肾形，细胞长 5 ~ 14μm，宽 2.5 ~ 7.5μm，两端圆，内侧壁略凸出，外侧游离壁常内凹；1 个周生、片状色素体；具 1 个蛋白核。

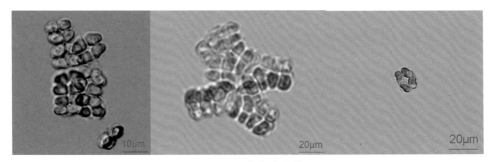

图 2-68　十字十字藻

2.1.34　双形藻属 *Dimorphococcus* A. Braun，1855

群体由 4 个细胞组成，各群体由残存的母细胞壁相连形成复合定形群体；单一群体中间的 2 个细胞长卵形，一端钝圆，另一端截形，以截形的一端交错连接，两侧的两个细胞肾形，两端钝圆，各以凸侧的中间与相邻细胞截形的一端相连，幼时细胞 1 个周生、片状色素体，具 1 个明显的蛋白核，成熟后色素体分散，充满整个细胞，由于淀粉增多，蛋白核常模糊不清。

月形双形藻 *Dimorphococcus lunatus* A. Braun，1855：由 4 个细胞组成真性定形群体，并由残存的母细胞壁相连形成复合群体；群体中间的两个细胞长卵形，长 10～25μm，宽 4～15μm，一端钝圆，另一端截形，以截形的一端交错连接，两侧的两个细胞肾形，两端钝圆或平截，各以凸侧的中间与相邻细胞截形的一端相连。

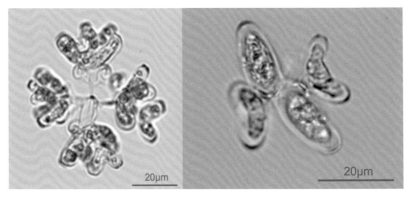

图 2-69　月形双形藻

2.1.35　集星藻属 *Actinastrum* Lagerheim，1882

由 4 个、8 个、16 个细胞组成浮游真性定形群体，无群体胶被，群体细胞以一端在群体中心彼此连接，以细胞长轴从群体中心向外放射状排列；细胞长圆柱形或长纺锤形，两端逐渐尖细或略狭窄，或一端平截另一端逐渐尖细或略狭窄，1 个周生、长片状色素体，具 1 个蛋白核。

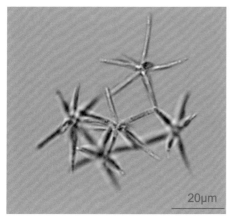

图 2 - 70　河生集星藻

河生集星藻 *Actinastrum fluviatile* Fott，Preslia，1977：由 4 个、8 个、16 个细胞组成真性定形群体，群体中各个细胞的一端在群体中心彼此连接，以细胞长轴从群体共同的中心向外呈放射状排列；细胞长纺锤形，长 12 ~ 22μm，宽 3 ~ 6μm，向两端逐渐狭窄，游离端尖；1 个周生、长片状色素体，具 1 个蛋白核。

集星藻 *Actinastrum hantzschii* Lagerheim，1882：由 4 个、8 个、16 个细胞组成真性定形群体，群体中的各个细胞的一端在群体中心彼此连接，以细胞长轴从群体共同的中心向外呈放射状排列；细胞长圆柱状纺锤形，细胞长 12 ~ 22μm，宽 3 ~ 6μm，两端略狭和截圆形；1 个周生、长片状色素体，1 个蛋白核。

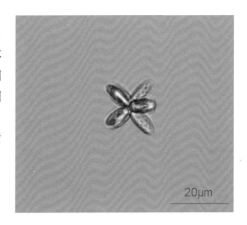

图 2 - 71　集星藻

2.1.36　空星藻属 *Coelastrum* Nägeli，1849

植物体由 4 个、8 个、16 个、32 个、64 个、128 个细胞组成多孔、中空的从球体到多角形体的真性定形群体，群体细胞以细胞壁或者细胞壁上的凸起彼此连接；细胞球形、圆锥形、近六角形或截顶的角锥形，细胞壁平滑，部分增厚会具管状凸起，幼细胞周生杯状色素体，具 1 个蛋白核，成熟后色素体扩散，几乎充满整个细胞。

无性生殖产生似亲孢子，在离开母细胞前连接成子群体。

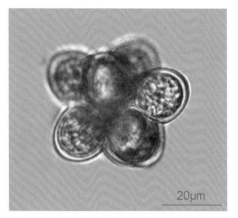

图 2-72 小空星藻

小空星藻 *Coelastrum microporum* Nägeli, 1885：由 8 个、16 个、32 个细胞组成球形到卵形的真性定形群体，罕为 64 个细胞；细胞间以细胞壁相连接，细胞间隙呈三角形，并小于细胞直径；群体细胞球形或近球形，有时为卵形，细胞外具一层薄的胶鞘，细胞包括鞘宽 $10 \sim 18\mu m$，不包括鞘宽 $8 \sim 13\mu m$。

网状空星藻 *Coelastrum reticulatum* Senn, 1899：由 8 个、16 个、32 个、64 个细胞组成球形真性定形群体，群体直径 $40 \sim 60\mu m$，相邻细胞间以 $5 \sim 9$ 个细胞壁的长凸起互相连接，常为不规则的复合群体，细胞间隙大，呈三角形至不规则圆形；细胞球形，直径 $3 \sim 10\mu m$，细胞壁平滑，具一层薄的胶鞘，并具 $6 \sim 9$ 条细长的细胞壁凸起。

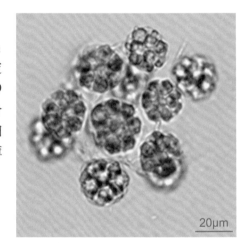

图 2-73 网状空星藻

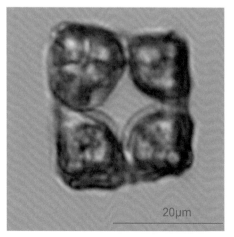

图 2-74 立方体形空星藻

立方体形空星藻 *Coelastrum cubicum* Nägeli, 1849：由 8 个、16 个或 32 个细胞组成立方体形或球形的真性定形群体，群体直径 $48 \sim 54\mu m$，相邻细胞间以侧壁的 3 个平截的短凸起彼此相连，细胞间有规律地具有 $3 \sim 5$ 角形的小空隙；细胞近六角形，细胞宽 $18 \sim 20\mu m$，细胞外侧游离面具 3 个短凸起。

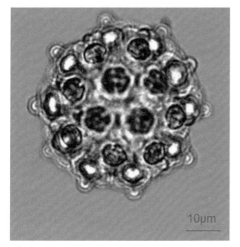

钝空星藻 *Coelastrum morus* West & G. S. West，1896：由 4 个、8 个、16 个或 32 个细胞组成球形或不规则形的定形群体，相邻细胞以其细胞侧壁相连，细胞间隙小，细胞直径 8 ~ 10μm；细胞球形，具（4 ~）8 ~ 16 个宽而短的圆柱形凸起。

图 2 - 75　钝空星藻

2.1.37　网球藻属 *Dictyosphaerium* Nägeli，1849

植物体为原始定形群体，由 2 个、4 个、8 个细胞组成，常为 4 个，有时 2 个为一组，彼此是分离的，以母细胞壁分裂所形成的二分叉或四分叉胶质丝或胶质膜相连接，包被在透明的群体胶被内，浮游；细胞球形、卵形、椭圆形或肾形，色素体周生、杯状，1 个，具 1 个蛋白核。

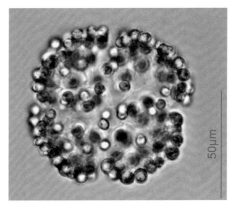

美丽网球藻 *Dictyosphaerium pulchellum* H. C. Wood，1873：由 8 个、16 个或 32 个细胞包被在共同的透明胶被中，形成原始定形群体，球形或广椭圆形；细胞球形，直径 3 ~ 10μm，1 个杯状色素体，具 1 个蛋白核。

图 2 - 76　美丽网球藻

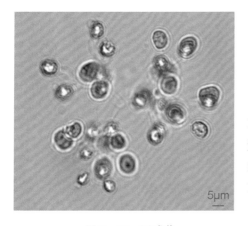

网球藻 *Dictyosphaerium ehrenbergianum* Nägeli，1849：由 8 个、16 个或 32 个细胞组成球形或椭圆形原始定形群体，群体包被在无色透明的胶被内；细胞椭圆形或卵形，细胞长 4 ~ 10μm，宽 3 ~ 7μm；1 个杯状色素体，1 个蛋白核。

图 2 - 77　网球藻

2.1.38 葡萄藻属 *Botryococcus*，Kütz. 1849

细胞椭圆形、卵形或楔形，罕为球形，常 2 个或 4 个为一组，多数包被在不规则分枝或分叶的半透明的胶群体胶被的顶端。色素体 1 个，杯状或叶状，呈黄绿色。

布朗葡萄藻 *Botryococcus braunii* Kützing，1849：细胞椭圆形、卵形或楔形，罕为球形，细胞宽 3～6μm，长 6～12μm，常 2 个或 4 个为一组，多数包被在不规则分枝或分叶的半透明的胶群体胶被的顶端；1 个杯状或叶状色素体，呈黄绿色。

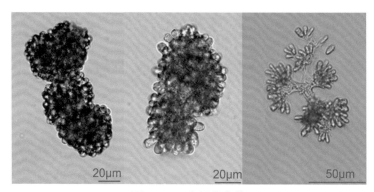

图 2-78 布朗葡萄藻

3　链藻门 Streptophyta

最新的分类体系中，根据分子系统学的研究结果将原属于绿藻门的鞘毛藻纲、接合藻纲、克里藻纲、中斑藻纲与轮藻纲共同组成链藻门，即轮藻门。该门属于一条向陆地植物进化的藻类分支，藻体具有单细胞或薄壁组织分化，分枝或不分枝；通常营养生长阶段不游动；游动细胞不对称，具 2 根鞭毛；相邻细胞间具胞间连丝。本次调查仅检到接合藻纲15 属 35 种。

接合藻纲 Conjugatophyceae

接合藻纲藻类为单细胞、群体或单列不分枝的丝状体，具或缺乏胶质鞘。丝状体藻类细胞壁不具胞间连丝，部分种类可通过胶质鞘形成假薄壁组织。营养细胞和生殖细胞均无鞭毛。

3.1.1　梭形鼓藻属 Netrium（Nägeli）Itzigson & Rothe，1856

植物体为较大的单细胞，椭圆形、纺锤形、圆柱形或近圆柱形，两端圆形或截圆形，长为宽的 2 倍或以上；每个细胞具 2 个或 4 个轴生色素体，每个色素体具 6 ~ 12 个辐射状的纵脊，在色素体辐射状纵脊之间有时也具结晶的运动颗粒，纵脊边缘具明显的缺刻，常具 1 个棒状的蛋白核，但有时具数个纵列的球形到不规则形的或多数散生的蛋白核；细胞壁平滑；有些种类细胞两端各具 1 个液泡，内含结晶的运动颗粒；细胞核位于色素体之间、细胞的中央。

指状梭形鼓藻 Netrium digitus Itzigson & Rothe，1856：单细胞，长椭圆形到纺锤形，长为宽的 3 ~ 4 倍，细胞长 136 ~ 400μm，宽 37 ~ 92μm，从中部到两端逐渐狭窄，两端截圆，顶部宽 16 ~ 40μm；细胞具 2 个轴生的色素体，各具 6 个辐射状的纵脊，其缘边具明显的缺刻，蛋白核多数散生；细胞壁平滑。

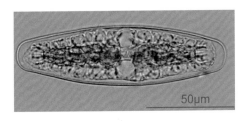

图 3 - 1　指状梭形鼓藻

3.1.2 转板藻属 *Mougeotia* Agardh，1824

藻丝不分枝，有时产生假根；营养细胞圆柱形，其长度比宽度大 4 倍以上；细胞横壁平直；色素体轴生、板状，1 个，极少数 2 个，具多个蛋白核，排列成一行或散生；细胞核位于色素体中间的一侧。

微细转板藻（小转板藻）*Mougeotia parvula* Hassall，1843：该种营养细胞长 29 ~ 153μm，宽 6 ~ 13μm，蛋白核 2 ~ 9 个，排成一列。

图 3 - 2　微细转板藻（小转板藻）

亮绿转板藻 *Mougeotia laetvirens*（A. Braun）Wittrock，1877：该种营养细胞长 91 ~ 325μm，宽 20 ~ 40μm，蛋白核多个，散生排列。

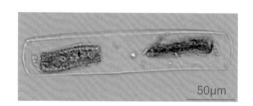

图 3 - 3　亮绿转板藻

3.1.3 新月藻属 *Closterium* Nitzsch，1817

植物体为单细胞，新月形，细胞弯曲或少数平直，中部不凹入，腹部中间不膨大或膨大，顶部钝圆、平直圆形、喙状或逐渐尖细；每个半细胞具 1 个色素体，由 1 个或数个纵向脊片组成，蛋白核多数，纵向排成一列或不规则散生；横断面圆形；细胞壁平滑，具纵向的线纹、肋纹或纵向的颗粒，无色或因铁盐沉淀而呈淡褐色或褐色；细胞两端各具 1 个液泡，内含 1 个或多个结晶状体的运动颗粒；细胞核位于两色素之间细胞的中部。

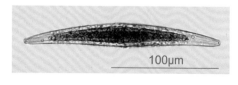

图 3 - 4　锐新月藻

锐新月藻 *Closterium acerosum* Ehrenberg ex Ralfs，1848：细胞大，狭长纺锤形，长为宽的 7 ~ 16 倍，背缘略弯曲，呈 50° ~ 100° 的弓形弧度；腹缘近平直或略凸，其后向顶部逐渐狭窄，呈圆锥形；顶端狭窄，呈截圆形，常略增厚。细胞壁平滑，无色，较成熟后的细胞呈淡黄褐色，并具很难见的线纹，10μm 中约 10 条，具中间环带；色素体具 5~12 个脊状，中轴具一纵列 5~29 个蛋白核，末端液泡含数个运动颗粒。细胞长 260~682μm，宽 32~85μm，顶部宽 4~13μm。

纤细新月藻 *Closterium gracile* Brébisson ex Ralfs，1848：细胞线形，长为宽的 18~70 倍，长 211~784μm，宽 6.5~18μm，细胞长度一半以上的两侧缘近平行，其后逐渐向两端狭窄，背缘以 25°~35° 弓形弧度向腹缘弯曲，顶端钝圆，宽 2~4μm；色素体中轴具一纵列 4~7 个蛋白核；细胞壁平滑，具中间环带。

图 3-5　纤细新月藻

小新月藻 *Closterium venus* Kützing ex Ralfs，1848：细胞小，长为宽的 5~10 倍，细胞长 48~95μm，宽 5~16μm，明显弯曲，外缘呈 150°~160° 弓形弧度，腹缘凹入，中部不膨大，向两端逐渐狭窄，顶端尖或尖圆，顶部宽 1~2.5μm；色素体具 1 条纵脊，中轴具 1~2 个蛋白核，末端液泡具 1~2 个或数个运动颗粒；细胞壁平滑。

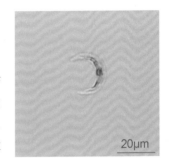

图 3-6　小新月藻

3.1.4　棒形鼓藻属 *Gonatozygon* De Bary，1856

植物体为单细胞，有时彼此连成暂时性的单列丝状体；细胞长圆柱形、近狭纺锤形或棒形，长为宽的 8~20 倍，甚至达 40 倍，两端平直，有时略膨大或近头状；细胞壁平滑、具颗粒或小刺；色素体轴生、带状、较狭，具 2 个色素体的从细胞的一端伸展到细胞的中部，少数具 1 个色素体的从细胞的一端伸展到另一端，其中轴具一列 4~16 个约成等距离排列的蛋白核；细胞核位于两色素体之间、细胞的中央，具 1 个色素体的位于细胞中央的一侧。

布雷棒形鼓藻 *Gonatozygon brebissonii* De Bary，1858：细胞狭圆柱形到纺锤形，长为宽的 10~36 倍，细胞长 80~288μm，宽 6~11μm，顶部近头状，顶部宽 5~10μm；2 个轴生、带状色素体，从

图 3-7　布雷棒形鼓藻

细胞的一端伸展到细胞的中部，每个色素体具 5 ~ 16 个蛋白核；细胞壁具稠密的小颗粒，颗粒有时稀疏，明显或不明显。

棒形鼓藻 *Gonatozygon monotaenium* De Bary，1856：细胞长圆柱形，长为宽的 10 ~ 25 倍，细胞长 82 ~ 284μm，宽 6 ~ 17μm，两端平直，顶部略膨大，顶部宽 9 ~ 18μm；2 个轴生、带状色素体，从细胞的一端伸展到细胞的中部，每个色素体具 6 ~ 9 个蛋白核；细胞壁具稠密的小颗粒，有时稀疏不明显或明显呈乳头状小凸起。

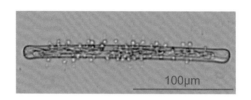

图 3 – 8　棒形鼓藻

基纳汉棒形鼓藻 *Gonatozygon kinahani*（W. Archer）Rabenhorst，1868：细胞长圆柱形，有时略弯，长为宽的 13 ~ 25 倍，有时达 40 倍，细胞长 116 ~ 376μm，宽 8 ~ 18μm，两端平直，有时略膨大；2 个轴生、带状色素体，从细胞的一端伸展到细胞的中部，每个色素体具 4 ~ 10 个蛋白核；细胞壁平滑。

图 3 – 9　基纳汉棒形鼓藻

3.1.5　辐射鼓藻属 *Actinotaenium*（Nägeli）Teiling，1954

植物体为单细胞，绝大多数细胞长形，中部略收缢；半细胞正面观多数为半圆形、近圆形、椭圆形、卵形、圆锥形、长圆形或截顶角锥形等，顶缘圆，平直或平直圆形，侧缘略凸出或直；垂直面观圆形；色素体绝大多数轴生、星状，由色素体分叉裂片辐射状纵向伸展至细胞壁，在色素体的分叉裂片中具 1 个或数个蛋白核；细胞壁平滑，具不规则或斜向十字形排列的密集穿孔纹、小圆孔纹，有的种类细胞壁的穿孔纹在顶部特别大。

营养繁殖为细胞分裂，在细胞中间的缢部分开，从每个原有的半细胞再长出一个与原有半细胞相同的新半细胞。

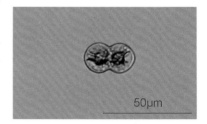

十字形辐射鼓藻 *Actinotaenium cruciferum*（De Bary）Teiling，1954：细胞椭圆形，长约为宽的 2 倍，中部略缢

图 3 – 10　十字形辐射鼓藻

缩，缢缝浅凹入，细胞长 14~42.5μm，宽 8~24μm，缢部宽 7~22.5μm；半细胞正面观椭圆形，顶部广圆或平截圆形，侧缘凸出，半细胞的中间为半细胞最宽部分；色素体轴生，从中间向细胞缘边放射发出 4~9 条纵脊片，中央具 1 个蛋白核；细胞壁薄，具精致的、不明显的点纹。

3.1.6 叉星鼓藻属 *Staurodesmus* Teiling，1948

植物体为单细胞，一般长略大于宽（不包括刺或突起），绝大多数种类辐射对称，少数种类两侧对称及细胞侧扁，多数缢缝深凹，从内向外张开成锐角；半细胞正面观半圆形、近圆形、椭圆形、圆柱形、近三角形、四角形、梯形、碗形、杯形、楔形等，半细胞顶角或侧角尖圆、广圆、圆形或向水平面、略向上或向下形成齿或刺；垂直面观多数从三角形到五角形，少数圆形、椭圆形，角顶具齿或刺；细胞壁平滑或具穿孔纹；半细胞一般具 1 个轴生的色素体，具 1 个到数个蛋白核，少数种类色素体周生，具数个蛋白核。

尖头叉星鼓藻 *Staurodesmus cuspidatus*（Brébisson）Teiling，1967：细胞小，长约等于或大于宽（不包括刺），细胞长（不包括刺）17~35μm，宽（不包括刺）11~30μm，缢缝浅，V 形凹入，缢部宽 4~7.5μm，顶端宽、钝，向外张开，缢部伸长呈圆柱形；半细胞正面观倒三角形或纺锤形，顶缘平直或在中间略凸出，腹缘比顶缘略凸起，顶角角顶具一水平方向、略向上或略向下的刺，刺的长度有变化，刺长 2~12μm；垂直面观三角形，侧缘略凹入；细胞壁平滑。

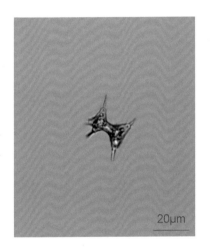

图 3-11 尖头叉星鼓藻

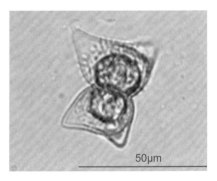

图 3-12 迪基叉星鼓藻

迪基叉星鼓藻 *Staurodesmus dickiei*（Ralfs）S. Lillieroth，1950：细胞长约等于宽（不包括刺），细胞长 24~44μm，宽（不包括刺）32~45μm，缢缝深凹，缢部宽 5~11μm，顶端略圆，向外张开成锐角；半细胞正面观椭圆形，顶缘和腹缘略凸出，侧角圆，具 1 个略向下的强壮的短刺，刺长 4~9μm。

3.1.7 角星鼓藻属 *Staurastrum* Meyen，1829

植物体为单细胞，一般长略大于宽（不包括刺或突起），绝大多数种类辐射对称，少数种类两侧对称及细胞侧扁，中间的缢部分细胞成两个半细胞，多数缢缝深凹，从内向外张开成锐角，有的为狭线形；半细胞正面观近圆形、椭圆形、近三角形、四角形、梯形等多种形状，许多种类半细胞顶角或侧角向水平方向、略向上或向下延长形成长度不等的突起，缘边一般波形，具数轮齿，其顶端平或具 2 个到多个刺，有的种类突起基部长出较小的突起称"副突起"；垂直面观多数三角形到五角形；半细胞一般具 1 个轴生的色素体，中央具 1 个蛋白核；细胞壁平滑，具点纹、圆孔纹、颗粒及各种类型的刺和瘤。

毛角角星鼓藻凸形变种 *Staurastrum chaetoceros* var. *convexum* Grönblad，1960：细胞较大，长约等于宽（包括突起），细胞长（不包括突起）12～17.5μm，（包括突起）37～40μm，宽（不包括突起）12～14μm，（包括突起）53～55μm，厚7.5～8μm，缢缝凹入程度较小，缢部宽 6～6.5μm，顶端呈"U"形凹陷，向外张开成锐角；半细胞正面观近楔形，顶缘具 3 个波形，顶角斜向上形成突起，具数轮小齿，突起缘边波形，末端具 3～4 个刺。

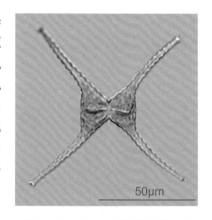

图 3 - 13　毛角角星鼓藻凸形变种

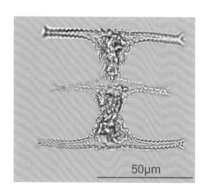

图 3 - 14　长突起角星鼓藻

长突起角星鼓藻 *Staurastrum longiradiatum* West & G. S. West，1896：细胞中等大小，长 33～35μm，宽（包括突起）59～69μm，宽约为长的 2.5 倍（包括突起），缢缝中等深度 U 形凹入，向外张开成锐角，缢部宽 7～8μm；半细胞正面观钟形或壶形，顶缘平直，具一轮 6 个微凹的瘤（每 2 个顶角间 2 个），顶角水平方向延长形成长突起，缘边锯齿状，末端具 2 个或 4 个刺，突起近基部的背缘具 2 列颗粒，侧缘微凸起以及斜向顶角，半细胞基部膨大。

湖沼角星鼓藻角状变种 *Staurastrum limneticum* var. *cornutum* G. M. Smith, 1924: 细胞宽约为长的 2 倍, 细胞长 (不包括突起) 30 ~ 31μm, (包括突起) 50 ~ 55μm, 宽 (不包括突起) 15 ~ 20μm, (包括突起) 72 ~ 74μm; 细胞缢缝中度凹入, 缢部宽 8 ~ 10μm; 半细胞正面观碗形, 顶缘高出和平截, 具 1 轮平瘤, 顶角形成的凸起较短, 结节状, 垂直面观四角形。

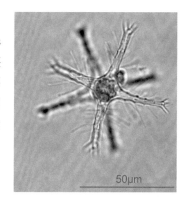

图 3 - 15　湖沼角星鼓藻角状变种

托霍角星鼓藻 *Staurastrum tohopekaligense* Wolle, 1885: 细胞长约为宽的 1.5 倍 (不包括突起), 细胞长 (包括突起) 45 ~ 68μm, (不包括突起) 27 ~ 46μm, 宽 (包括突起) 40 ~ 80μm, (不包括突起) 20 ~ 30μm; 缢缝中等程度深凹, 缢部宽 12 ~ 18μm, 向外张开成锐角; 半细胞正面观广椭圆形到近圆形, 顶部略突出, 侧角水平方向或略斜向上伸长形成 1 个平滑纤细的长突起, 末端具 2 叉刺, 半细胞的顶部、侧角长突起上端斜向上伸出 2 个平滑纤细的附属长突起, 其形状与侧角的长突起相似, 末端具 2 叉刺。

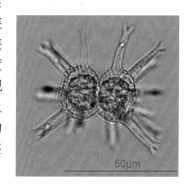

图 3 - 16　托霍角星鼓藻

3.1.8　微星鼓藻属 *Micrasterias* Agardh ex Ralfs, 1848

植物体多为单细胞, 细胞圆形或广椭圆形, 明显侧扁, 缢缝深凹, 狭线形, 少数向外张开; 半细胞正面观近半圆形、宽卵形, 半细胞通常分成 3 叶, 1 个顶叶和 2 个侧叶, 有的种类侧叶中央凹入再分成 2 小叶, 小叶可再分, 顶叶常为宽楔形, 少数种类顶角延长形成突起, 其基部具小突起的称 "附属的突起", 有的种类顶叶和侧叶具刺、齿, 半细胞顶部中间浅凹入、V 字形凹陷或凹陷, 少数种类顶部平直, 半细胞缢部上端有或无由颗粒、齿或瘤组成的拱形隆起; 半细胞侧面观常为长卵形, 侧缘近基部常膨大; 垂直面常为椭圆形到披针形、线形披针形; 绝大多数种类具 1 个轴生的与细胞形态相似的色素体, 具许多散生的蛋白核; 细胞壁平滑, 具点纹、齿或刺, 不规则或放射状排列。

叶状微星鼓藻 *Micrasterias foliacea* Bailey ex Ralfs, 1848: 细胞与细胞间的顶叶互相嵌入连接成丝状体; 细胞长约等于宽, 细胞长 58 ~ 96μm, 宽 56 ~ 86μm, 缢缝深凹狭线形或略张开, 缢部宽 11 ~ 20μm; 半细胞正面观长方形, 顶叶高出, 顶叶宽 32 ~ 58μm, 顶缘中间具 1 个宽的近方形的凹穴, 凹穴两侧各具 1 直立的大刺, 凹穴基部两侧的前后各具 1 个不等长的刺, 顶角尖, 水平向, 顶叶和侧叶间的凹陷深, 侧叶中间深凹陷分侧叶成 2 个分叶, 上部分叶斜向上, 下部分叶水平位, 上下 2 分叶各分成 2 个小叶, 小叶再分 1 次, 其边缘中间略凹入, 顶端具 1 小齿, 上部分近顶叶的小叶退化成圆锥形的突起; 垂直面观狭纺锤形，侧缘尖；细胞壁光滑。

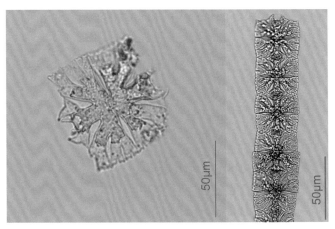

图 3 - 17　叶状微星鼓藻

3.1.9　凹顶鼓藻属 *Euastrum* Ehrenberg ex Ralfs，1848

植物体为单细胞，细胞大小变化大，长为宽的 1.5 ~ 2 倍，细胞方形、长方形、卵圆形、椭圆形等，缢缝常深凹入，很少种类顶部平直，半细胞近基部的中央通常膨大，平滑或有由颗粒或瘤组成的隆起，半细胞通常分为 3 叶，1 个顶叶和 2 个侧叶，有的种类侧叶中央凹入再分成 2 个小叶，有的种类顶叶和侧叶的中央具颗粒、圆孔纹或瘤，半细胞中部具或不具胶质孔或小孔；半细胞侧面观常为卵形、截顶的角锥形，少数椭圆形或近长方形，侧缘近基部常膨大；垂直面观常为椭圆形；绝大多数种类的色素体轴生，常具 1 个蛋白核，少数大的种类具 2 个或多个蛋白核；细胞壁极少数光滑，通常具点纹、颗粒、圆孔纹、齿、刺或乳头状突起。

凹顶鼓藻 *Euastrum ansatum* Ehrenberg ex Ralfs，1848：细胞长约为宽的 2 倍，细胞长 56 ~ 96μm，宽 22 ~ 33μm，缢缝深凹，狭线形，缢部宽 8 ~ 16μm，外端略膨大，顶部宽 14 ~ 20μm；半细胞正面观为截顶角锥形，顶缘截圆，中间具一深而狭的凹陷，顶角圆，顶叶侧缘逐渐向侧叶加宽，侧叶中间具一浅的波形，并逐渐向基部加宽，基部宽，基角圆形，半细胞中部两侧各具 1 个大的拱形隆起，缢部上端具 1 个较小的拱形隆起；细胞壁具垂直排列的点纹。

图 3 - 18　凹顶鼓藻

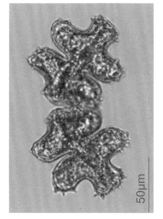

图 3 – 19　斯里兰卡凹顶鼓藻

斯里兰卡凹顶鼓藻 *Euastrum ceylanicum* （West & G. S. West）Krieger, 1937：细胞长约为宽的 1.2 倍，细胞长 46 ~ 78μm，宽 39 ~ 63μm，厚 29 ~ 40μm，缢缝深凹，狭线形，从缢缝的一半处略向外张开，缢部宽 11 ~ 16μm，顶部宽 21 ~ 25μm；半细胞正面观为具 3 个分叶，顶叶近楔形，顶缘近平直，中间略凹入，顶角圆，顶角及角内具数个分散的圆锥形齿，顶叶和侧叶间的凹陷呈直角，侧叶广圆形，水平位，侧叶中央具 1 轮由 5 ~ 6 个小瘤组成的拱形隆起，缢部上端具 2 轮小瘤（内圈约具 4 个小瘤，外圈具 8 ~ 9 个小瘤）组成的拱形隆起。

小刺凹顶鼓藻 *Euastrum spinulosum* Delponte, 1876：细胞长为宽的 1.1 ~ 1.2 倍，细胞长 42 ~ 80μm，宽 38 ~ 73μm，厚 22 ~ 42μm，缢缝深凹，狭线形，外端略张开，缢部宽 10 ~ 18μm，顶部宽 19 ~ 27μm；半细胞正面观半圆形，具 3 个分叶，顶叶长方形，顶缘中间略凹入，顶角圆，顶叶和侧叶间深凹陷成锐角，侧叶中间凹陷分成 2 个小叶，上部小叶斜向上，下部小叶水平位，小叶缘边广圆，顶叶和侧叶的 2 个小叶的缘边、缘内具尖刺状颗粒，半细胞缢部上端具大颗粒呈圆形排列（外圈具 10 ~ 11 个，内圈具 3 ~ 4 个）组成的拱形隆起；半细胞侧面观为狭卵椭圆形，侧缘圆，缘边及缘内具尖刺状颗粒，两端中间具 1 个拱形隆起。

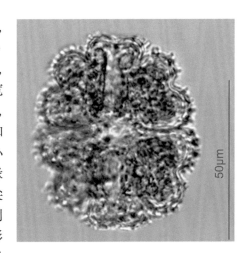

图 3 – 20　小刺凹顶鼓藻

3.1.10　鼓藻属 *Cosmarium* Corda ex Ralfs，1848

植物体为单细胞，细胞大小变化很大，侧扁，缢缝常深凹入，狭线形或张开；半细胞正面观近圆形、半圆形、椭圆形、卵形、梯形、长方形、方形、截顶角锥形等，顶缘圆、平直或平直圆形，半细胞缘边平滑或具波形、颗粒、齿，半细胞中部有或无膨大或拱形隆起；半细胞侧面观绝大多数呈椭圆形或卵形；垂直面观为椭圆形或卵形；色素体轴生或周生，每个半细胞具 1 个、2 个或 4 个（极少数具 8 个），每个色素具 1 个或数个蛋白核，有的种类具周生的带状色素体（具 6 ~ 8 条），每条色素体具数个蛋白核；细胞壁平滑，具点纹、圆孔纹、小齿、瘤或具一定方式排列的颗粒、乳头状突起等；细胞核位于两个半细胞之间的缢部。

营养繁殖为细胞分裂，在细胞中间狭的缢部分开，伴随着缢部的延长和隔片的生长使细胞分成两半，从每个原有的半细胞再长出一个与原有半细胞相同的新半细胞。

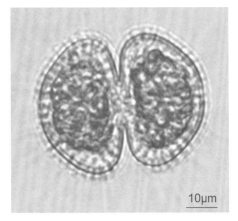

图 3 - 21　狭鼓藻椭圆变种

狭鼓藻椭圆变种 *Cosmarium contractum* var. *ellipsoideum* (Elfving) West & G. S. West, 1902：细胞中等大小，长约为宽的 1.1 ~ 1.2 倍，细胞长 11 ~ 36.5μm，宽 10 ~ 30μm，缢缝深凹，缢部宽 4 ~ 9.5μm，厚 5 ~ 19μm，近顶端狭线形，向外张开呈锐角；半细胞正面观为椭圆形，顶缘中部略凸起；细胞壁平滑。

狭鼓藻圆变种 *Cosmarium contractum* var. *rotundatum* Borge, 1925：细胞长约为宽的 1.5 倍，细胞长 28.5 ~ 45μm，宽 17 ~ 30μm，缢缝深凹，缢部宽 5 ~ 8μm，厚 15 ~ 21μm，向外广张开；半细胞正面观为圆形或近圆形；垂直面观广椭圆形；半细胞具 1 个轴声的色素体，其中央具 1 个蛋白核。

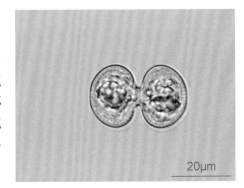

图 3 - 22　狭鼓藻圆变种

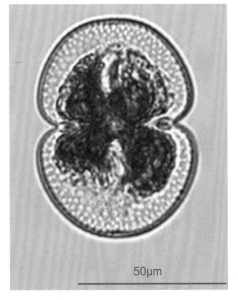

图 3 - 23　厚皮鼓藻埃塞俄比亚变种

厚皮鼓藻埃塞俄比亚变种 *Cosmarium pachydermum* var. *aethiopicum* West & G. S. West, 1905：细胞长为宽的 1.25 倍，细胞长 68 ~ 100μm，宽 57 ~ 80μm，缢缝中等深度凹入，缢部较宽，缢缝从中间向外较宽张开，缢部宽 22 ~ 40μm；半细胞正面观为半广椭圆形，顶缘宽圆，侧缘近基部有时直；半细胞侧面观为近圆形；细胞壁厚，具精致的圆孔纹，圆孔纹间具小点纹；半细胞具 1 个轴生的色素体，具 2 个蛋白核。

伦德尔鼓藻 *Cosmarium lundellii* Delponte，1877：细胞大形，近圆形，长约等于宽或大于宽，细胞长 38～84μm，宽 32～68μm，缢缝中等深度凹入，缢部宽 18～32μm，厚 22～36μm，狭线形，顶端略膨大；半细胞正面观为近半圆形或截顶角锥形到半圆形，顶部呈角状升高，基角广圆；半细胞侧面观为近圆形；半细胞具 1 个轴生的色素体、明显的脊状，具 2 个大的蛋白核；细胞壁具点纹，半细胞中部通常增厚。

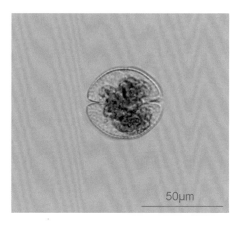

图 3 – 24　伦德尔鼓藻

光泽鼓藻 *Cosmarium candianum* Delponte，1877：细胞长约等于宽，细胞长 50～95μm，宽 52～90μm，缢缝深凹，缢部宽 18～32.5μm，厚 24～40μm，狭线形，外端膨大；半细胞正面观为半圆形，基角宽；半细胞侧面观为半圆形到卵形或近圆形；半细胞具 1 个轴生的色素体，具 2 个蛋白核；细胞壁具点纹。

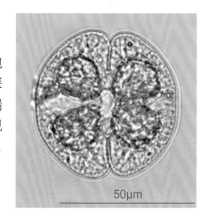

图 3 – 25　光泽鼓藻

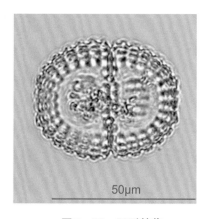

图 3 – 26　四列鼓藻

四列鼓藻 *Cosmarium quadrifarium* P. Lundell，1871：细胞长约为宽的 1.25 倍，细胞长 38～66μm，宽 32～50μm，缢缝深凹，狭线形，外端略膨大，缢部宽 10～19μm，厚 20～35μm；半细胞正面观为半圆形，缘边及缘内具 15～17 个平的中间微凹的瘤，近基角的瘤常略退化，缢部上端具 12～17 个圆形颗粒组成的圆形隆起，圆形颗粒排列位置变化大，有时在颗粒间具小圆孔纹，基角近直角和略圆；半细胞具 1 个轴生的色素体，具 2 个蛋白核；细胞壁具点纹。

布莱鼓藻 *Cosmarium blyttii* Wille，1880：细胞长略大于宽，细胞长 10～31μm，宽 12～23μm，缢缝深凹，狭线形，缢部宽 3～8μm，厚 8～15μm；半细胞正面观从梯形到半圆形，顶缘平直，具 4 个圆齿，侧缘常具 4 个圆齿，缘内具 1～2 列小颗粒，侧缘的圆齿和缘内的小颗粒变化较大，半细胞中央具 1 个近乳头状的颗粒，基角近直角；半细胞具 1 个轴生的色素体，具 1 个蛋白核。

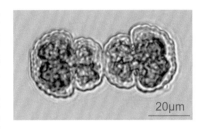

图 3-27　布莱鼓藻

3.1.11　四棘鼓藻属 *Arthrodesmus* Ehrenberg，1838

植物体为单细胞，长约等于宽（不包括刺），大多数种类细胞侧扁及两侧对称，少数种类垂直面观为辐射对称的三角形，缢缝深凹，狭线形或向外张开；半细胞正面观椭圆形、近椭圆形、三角形、近长方形、近梯形等，顶角或侧角具 1 条粗刺，少数 2～3 条；侧面观近半圆形；垂直面观椭圆形，少数三角形，侧缘具 1 条粗刺，少数 2～3 条，两端中间不增厚；细胞壁平滑，具点纹或圆孔纹；半细胞具 1 个轴生的色素体，具 1～2 个蛋白核。

英克斯四棘鼓藻 *Arthrodesmus incus* Hassall ex Ralfs，1848：细胞长略大于宽（不包括刺），细胞长（不包括刺）12.5～48μm，宽（不包括刺）12.5～48μm，缢缝深凹，从顶端向外张开成近直角或钝角，缢部宽 3～14μm，厚 5～25μm；半细胞正面观为倒三角形或近倒梯形到倒三角形，顶缘平、直，少数略凹入，侧缘直或略凸出，顶角尖或尖圆，角顶具 1 略向上的长粗刺，刺长 5～39μm；半细胞侧面观为倒卵形到纵向椭圆形；细胞壁平滑。

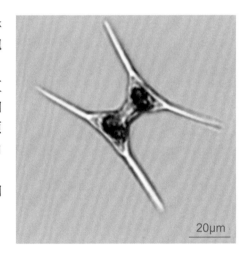

图 3-28　英克斯四棘鼓藻

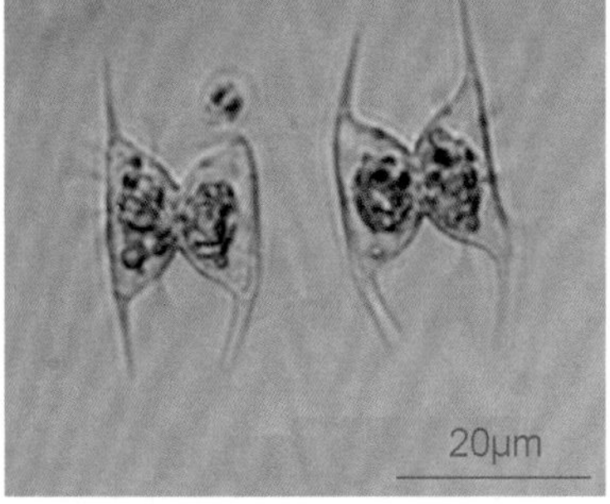

Arthrodesmus extensus var. *joshuae* [①] Teiling，1993：细胞长宽近乎相等，半细胞倒三角形或近梯形，细胞长（不包括刺）18～25μm，宽（不包括刺）14～22μm；缢缝深凹，从顶端向外张开成近锐角；细胞角顶具长刺，刺近乎平行或略聚拢，刺长 10～26μm。

图 3-29　*Arthrodesmus ex-tensus* var. *joshuae*

① 此种藻类在国内尚未翻译成中文。

56

3.1.12 多棘鼓藻属 *Xanthidium* Ehrenberg et Ralfs，1848

植物体为单细胞，长略大于宽（不包括刺），大多数种类两侧对称及细胞侧扁，少数呈三角形的种类为辐射对称，缢缝深凹或中等深度凹入，狭线形或向外张开；半细胞正面观为椭圆形、梯形或多角形等，顶缘常平直，顶角或侧角（或顶角或侧角内）具4条或多条（罕为2条）单个或二叉的粗刺，半细胞中部具不同程度的增厚（少数例外），增厚区常具圆孔纹或瘤；半细胞侧面观为近圆形或多角形；半细胞具轴生或周生的色素体，许多小型种类每个半细胞具1个轴生的色素体，色素体中央具1个蛋白核，大的种类每个半细胞具4个色素体，每个色素体具1个蛋白核。

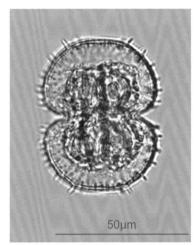

弗里曼多棘鼓藻 *Xanthidium freemanii* West & G. S. West，1902：细胞长略大于宽（不包括刺），细胞长（不包括刺）80~100μm，宽（不包括刺）73~81μm，缢缝中等深度凹入，近顶端狭线形，向外张开，缢部宽34~38μm；半细胞正面观扁半圆形，顶缘平直或略凹入，顶部平滑、无刺，侧缘具1列8~10个略弯曲的刺，刺长5~10μm，缘内具2列，每列7~10个相似的刺；半细胞侧面观为近卵形到圆形，具近平行的8~10列横刺，每列4~6个，侧缘具许多无规则圆孔纹的大增厚区；细胞壁具许多不规则的细小圆孔纹。

图 3-30　弗里曼多棘鼓藻

3.1.13 顶接鼓藻属 *Spondylosium* Brébisson ex Kützing，1844

植物体为不分枝的丝状体，常具胶被；细胞侧扁，缢缝深凹或中等深度凹入，狭线形或从内向外张开；半细胞正面观为椭圆形、三角形或长方形，顶缘平直，略凸出或略凹入，每个半细胞的顶部与相邻半细胞的顶部互相连接形成丝状体；半细胞侧面观为圆形或近三角形；垂直面观为椭圆形、三角形或四角形；半细胞具1个轴生色素体，其中央具1个蛋白核；细胞壁平滑或具点纹。

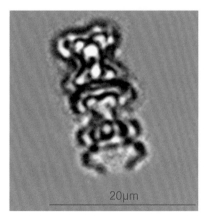

平顶顶接鼓藻 *Spondylosium planum*（Wolle）West & G. S. West，1912：藻丝不具胶被；细胞宽约为长的1.2倍，细胞长9~19.5μm，宽11~25μm，缢缝深凹，顶端钝圆和向外张开成锐角，缢部宽5~11.5μm，厚6~11μm；半细胞正面观为横长圆形，顶缘平直，顶角圆，侧缘广圆，每个半细胞的顶部与相邻半细胞的顶部相连形成不分枝的丝状体。

图 3-31　平顶顶接鼓藻

3.1.14　角丝鼓藻属 *Desmidium* Agardh ex Ralfs，1824

植物体为不分枝的丝状体，常为螺旋状缠绕；细胞辐射对称，三角形或四角形，细胞宽常大于长，缢缝浅或中等深度凹入；半细胞正面观为横长方形、横狭长圆形、横长圆到半圆形、截顶角锥形或桶形，顶部、顶角平直或具 1 个短的突起，与相邻两个半细胞紧密连接无空隙或具一个椭圆形的空隙；半细胞具 1 个轴生的色素体，边缘具几个辐射状脊片伸展到每个角内，每一脊片具 1 个蛋白核。

扭联角丝鼓藻 *Desmidium aptogonum* Brébisson ex Kützing，1835：丝状体细胞螺旋状缠绕，具透明胶被；细胞宽约为长的 2 倍，细胞长 13～20μm，宽 22～40μm，缢缝中等深度凹入，顶端尖，向外张开成锐角，缢部宽 20～30μm；半细胞正面观为横狭长圆形，顶缘宽，中间凹入，侧角广圆，每个半细胞的顶角具 1 个明显的长突起与相邻半细胞的长突起彼此互相连接形成丝状体，相邻两个半细胞之间具一个近椭圆形的空隙。

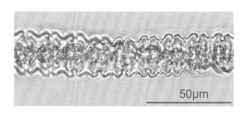

图 3 - 32　扭联角丝鼓藻

矩形角丝鼓藻 *Desmidium baileyi*（Ralfs）Nordstedt，1880：丝状体直，无胶被；细胞长约等于宽，细胞长 15～26μm，宽 20～27.5μm，缢缝很浅，几乎呈波形，缢部宽 18～26μm；半细胞正面观为长方形，顶缘宽，中间略凹入，两侧缘近平行，近缢部略凸出，每个半细胞的顶部角具 1 个短突起与相邻半细胞的顶部角的短突起彼此互相连接形成丝状体，相邻两个半细胞之间具 1 个近椭圆形的空隙。

图 3 - 33　矩形角丝鼓藻

3.1.15　圆丝鼓藻属 *Hyalotheca* Ehrenberg ex Ralfs，1840

植物体为不分枝的丝状体，具较厚的胶被；细胞圆柱形或圆盘形，长略大于宽，缢缝很浅；半细胞正面观呈梯形、近长方形或横长圆形，半细胞的顶部与相邻半细胞的顶部彼此相互连接形成丝状体。

裂开圆丝鼓藻 *Hyalotheca dissiliens* Brébisson ex Ralfs, 1848：藻丝常具胶被，其厚度约等于藻丝的厚度；细胞圆柱形，宽约为长的 1.2 ~ 2 倍，细胞长 12 ~ 30 μm，宽 15 ~ 34 μm，缢缝极浅，细胞宽度仅略大于缢部，缢部宽 14 ~ 33 μm；半细胞正面观横长圆到圆柱状盘形，顶缘宽、平直，侧缘略凸出，半细胞的顶部与相邻半细胞的顶部彼此互相连接形成丝状体。

图 3 – 34 裂开圆丝鼓藻

4 裸藻门 Euglnophyta

裸藻主要生长于淡水环境中。以单细胞生活于水体中，细胞球形、椭球形、梭形、长形等，有些种类细胞壳伸缩变形，形态多样。裸藻细胞无细胞壁，但原生质体外层特化成表质（或称周质体），表质具线纹，线纹的走向是裸藻分类的重要依据，部分种类胞外具囊壳，囊壳因含铁质而具颜色。多数裸藻具有色素体，色素与绿藻相同。绝大多数在营养时期有明显的鞭毛，鞭毛2条，多数不等长，短鞭毛退化，只保留残根在"沟—泡"内，长鞭毛伸出，为游动鞭毛，具囊壳的种类游动鞭毛从囊壳前端的鞭毛孔伸出。有些种类具有红色眼点和副鞭体。

裸藻门下设1纲，裸藻纲（Euglenophyceae），此纲仅1目，裸藻目（Euglenales）。本次调查检到4属18种。

裸藻纲 Euglnophyceae

4.1.1 裸藻属 *Euglena* Ehrenberg，1832

细胞形态多变，大多为纺锤形或圆柱形，横切面圆形或椭圆形，后端多延伸呈尾状或有尾刺；表质柔软或半硬化，具有螺旋形旋转排列的线纹；色素体1个至多个，呈星形、盾形或盘形，蛋白核有或无；鞭毛单条；眼点明显；副淀粉粒呈小颗粒状，数量不等。

多形裸藻 *Euglena ploymorpha* P. A. Dangeard，1902：细胞易变形，常为圆柱状纺锤形或纺锤形，前端狭圆且略斜截，后端渐细呈短尾状。表质具自左向右的螺旋线纹。细胞长70~87μm，宽7~25μm。色素体片状，4~10个或更多。鞭毛为体长的1~1.5倍。眼点明显，且为深红色。副淀粉粒为卵形或环形小颗粒，多数。核中位。

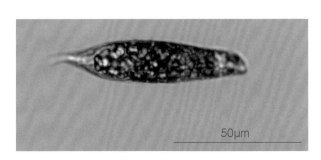

50μm

图4-1 多形裸藻

旋纹裸藻 *Euglena spirogyra* Ehrenberg, 1832：
细胞圆柱形，略有变形，呈螺旋形扭曲，前端狭
圆形，后端收缢成无色尖尾刺。表质黄褐色，具
自左向右螺旋形排列的珠状颗粒。细胞长 75 ~
250μm，宽 8 ~ 35μm。色素体小盘形，多数，无蛋
白核。鞭毛为体长的 1/4 ~ 1/2。眼点明显。副淀

图 4 - 2 旋纹裸藻

粉粒 2 个大的呈环形，分别位于核的前后两端，其余的为杆形或矩形小颗粒。核中位。

带形裸藻 *Euglena ehrenbergii* G. A. Klebs, 1883：细胞易变形，常呈近带形，有时呈扭
曲状，前后两端圆形，有时截形。表质具自左向右的螺旋线纹。细胞长 80 ~ 375μm，宽
9 ~ 66μm。色素体小圆盘形，多数，无蛋白核。鞭毛短，易脱落，为体长的 1/16 ~ 1/2 或
更长。眼点明显，呈盘形或表波形。副淀粉粒常具 1 至多个呈杆形的大颗粒，此外还有许
多呈卵形或杆形的小颗粒。核中位。

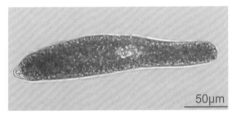

图 4 - 3 带形裸藻

尖尾裸藻 *Euglena oxyuris* Schmarda, 1846：细胞近圆
柱形，稍侧扁，呈螺旋形扭曲，具窄的螺旋形纵沟，前端
圆形或平截形，有时略呈头状，后端收缢成尖尾刺。表质
具自左向右的螺旋线纹。细胞长 100 ~ 450μm，宽 16 ~
61μm。色素体多数，呈小盘形，无蛋白核。鞭毛为体长
的 1/4 ~ 1/2。眼点明显。副淀粉粒 2 个大的呈环形，分

图 4 - 4 尖尾裸藻

别位于核的前后两端，其余的为杆形、卵形或环形小颗粒。核中位。

梭形裸藻 *Euglena acus* (O. F. Müller) Ehrenberg, 1830：细胞狭长纺锤形或圆柱形，略
能变形，有时可呈扭曲状，前端狭窄呈圆形或截形，有时呈头状，后端渐细成长尖尾刺。
表质具自左向右的螺旋线纹。细胞长 60 ~ 195μm，宽 5 ~ 28μm。色素体多数，且小圆盘形

或卵形，无蛋白核。鞭毛较短，为体长的 1/8～1/2。眼点明显，呈淡红色，盘状或表玻状。副淀粉粒较大，多数长杆状，有时具卵形小颗粒。核中位。

图 4-5　梭形裸藻

4.1.2　囊裸藻属 *Trachelomonas* Ehrenberg，1838

细胞外具囊壳，囊壳球形、卵形、椭圆形、圆柱形或纺锤形等；囊壳表面光滑或具点纹、孔纹、颗粒、网纹、棘刺等纹饰；囊壳无色，由于铁质沉积，而呈黄色、橙色或褐色，透明或不透明；囊壳的前端具一圆形的鞭毛孔，有或无领；囊壳内的原生质体裸露无壁，其他特征与裸藻属相似。

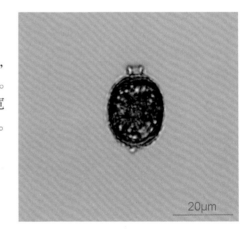

图 4-6　细粒囊裸藻

细粒囊裸藻 *Trachelomonas granulosa* Playfair，1915：囊壳椭圆形，且表面具小颗粒，密集均匀。鞭毛孔有或无领状突起。囊壳长 17～26μm，宽 13～22μm，领宽 3.5μm。细胞呈黄褐色或深红色。

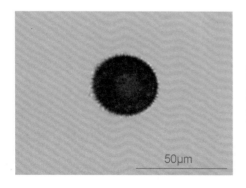

图 4-7　具棒囊裸藻

具棒囊裸藻 *Trachelomonas bacillifera* Playfair，1915：囊壳近球形或椭圆形，表面具棒刺。鞭毛孔无领。鞭毛约为体长的 2 倍。囊壳长 35～37μm，宽 25～30μm。

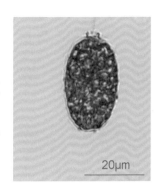

糙纹囊裸藻 *Trachelomonas scabra* Playfair，1915：囊壳椭圆形，有时后端略窄；表面粗糙，具不规则的颗粒。鞭毛孔具直领，较宽，领口平截，有时呈斜截或略扩展。囊壳长 29 ~ 33μm，宽 15 ~ 24μm；领高 3 ~ 4μm，领宽 9 ~ 10μm。呈浅黄色或黄褐色。

图 4 - 8　糙纹囊裸藻

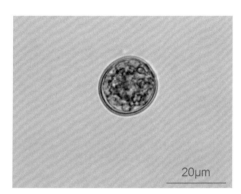

图 4 - 9　旋转囊裸藻

旋转囊裸藻 *Trachelomonas volvocina*（Ehrenberg）Ehrenberg，1834：囊壳球形；表面光滑。呈黄色、黄褐色或红褐色，略透明。鞭毛孔有或无环状加厚圈，少数具低领。囊壳直径 10 ~ 25μm。鞭毛为体长的 2 ~ 3 倍。

尾棘囊裸藻 *Trachelomonas armata*（Ehr.）Stein，1878：囊壳椭圆形或卵圆形，前端窄，后端宽圆；表面光滑或具密集的点纹，后端具 1 圈长锥刺，8 ~ 11 根，略向内弯，长度1 ~ 9μm，有时呈乳头状突起。鞭毛孔有或无环状加厚圈，有时具领状突起或低领，领口平截或具细齿刻。囊壳长 32 ~ 40μm（不包括刺），宽 24 ~ 30μm。鞭毛约为体长的 2 倍。细胞一般透明或呈黄褐色。

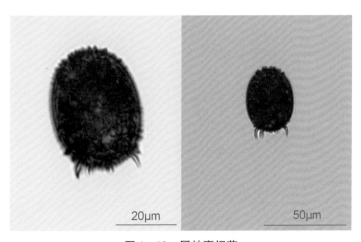

图 4 - 10　尾棘囊裸藻

4.1.3 **陀螺藻属** *Strombomonas* Deflandre，1930

细胞具囊壳，囊壳较薄，前端逐渐收缩呈一长领，领与囊体之间无明显界限，多数种类的后端渐尖，呈一长尾刺。囊壳的表面光滑或具皱纹，纹饰较囊裸藻少。

糙膜陀螺藻 *Strombomonas schauinslandii*（Lemm.）Deflandre，1930：囊壳椭圆形，囊壳长 26～33 μm，宽 14～20 μm，前端具一圆柱形的直领，较宽，领口平截或斜截，领高 6～8 μm，领宽约 5 μm，后端渐尖，呈楔形尾刺，粗壮而尖，尾刺长 8～9 μm；表面粗糙，有时具瘤状突起；呈绿褐色。

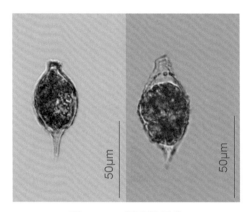

图 4－11　糙膜陀螺藻

皱囊陀螺藻 *Strombomonas tambowika*（Swir.）Deflandre，1930：囊壳椭圆形或卵圆形，囊壳长 45～55 μm，宽 21～30 μm；前端宽，具直领，领高 6 μm，领宽约为 8 μm，领口具不规则齿刻，后端窄，延伸成尖的尾刺，直向或略弯，尾刺长约 9 μm；表面具皱纹；细胞呈黄色或黄褐色。

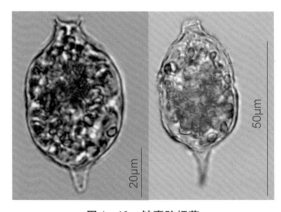

图 4－12　皱囊陀螺藻

4.1.4 扁裸藻属 *Phacus* Dujardin，1841

细胞表质较硬，形状固定，扁平，正面观一般呈圆形、卵形或椭圆形，有的呈螺旋形扭转，顶端具纵沟，后端多数呈尾状；表质具纵向或螺旋形排列的线纹、点纹或颗粒。绝大多数种类的色素体呈圆盘形，多数，无蛋白核。单鞭毛，具眼点。副淀粉粒较大，有环形、假环形、圆盘形、球形、线轴形或哑铃形等各种形状，常为 1 个或数个，有时还有一些球形、卵形或杆形的小颗粒。

旋形扁裸藻 *Phacus helicoides* Pochmann，1942：细胞沿纵轴呈螺旋形扭转约 1 周，后端渐窄，细胞长 69～112μm，宽 34～52μm，呈一长而直的尖尾刺，有时略弯，尾刺长 17μm；表质具纵线纹；鞭毛约与体长相等；副淀粉 1 至数个，呈球形、环形或哑铃形。

图 4 - 13　旋形扁裸藻

图 4 - 14　梨形扁裸藻

梨形扁裸藻 *Phacus pyrum*（Ehr.）W. Archer，1871：细胞梨形，前端宽圆，顶端的中央微凹，后端渐细，细胞长 30～55μm，宽 13～21μm，呈一尖尾刺，直向或略弯曲，顶面观呈圆形，尾刺长 12～14μm；表质具 7～9 条肋纹，自左向右呈螺旋形排列；鞭毛为体长的 1/2～2/3；副淀粉 2 个，呈中间隆起的圆盘形，位于两侧，紧靠表质。

长尾扁裸藻 *Phacus longicauda*（Ehr.）Dujardin，1841：细胞宽卵形或梨形，前端宽圆，后端渐尖，呈一细长的尖尾刺，直向或略弯曲；表质具纵线纹。细胞长 85～170μm，宽 40～70μm；尾刺长 45～88μm。鞭毛约与体长相等。副淀粉 1 个至数个，较大，环形或圆盘形，有时有一些圆形或椭圆形的小颗粒。

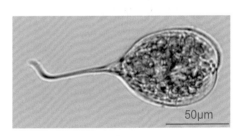

图 4 - 15　长尾扁裸藻

长尾扁裸藻波形变种 *Phacus longicauda* var. *insectus* Koczwara，1917：与原种的区别在于，变种的细胞两侧具有缺刻。

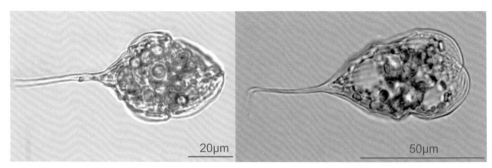

图 4 - 16　长尾扁裸藻波形变种

波形扁裸藻 *Phacus undulatus*（Skv.）Pochmann，1942：细胞卵圆形或梯形，两侧不对称，具波形缺刻，两端圆形，前端略窄，后端具粗壮而尖锐的尾刺，向一侧弯曲；表质具纵线纹。细胞长 50 ~ 82μm，宽 30 ~ 48μm；尾刺长 12 ~ 18μm。副淀粉 1~2 个，较大，圆盘形或环形，有时有一些卵形或椭圆形的小颗粒。

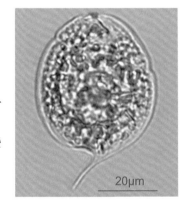

图 4 - 17　波形扁裸藻

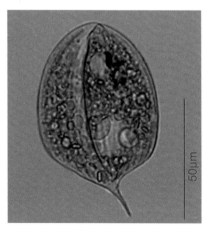

图 4 - 18　圆形扁裸藻

圆形扁裸藻 *Phacus orbicularis* K. Hübner，1886：细胞宽卵形或近圆形，两端宽圆，后端具尖尾刺，有时向一侧弯曲，具背脊，顶面观呈等腰三角形；表质具纵线纹。细胞长 61 ~ 100μm，宽 43 ~ 70μm，厚 20μm；尾刺长 17μm。鞭毛约与体长相等。副淀粉 1 个至数个，较大，球形，有时有一些球形或椭圆形的小颗粒。

5 甲藻门 Dinophyta

甲藻是海洋和淡水浮游植物的主要成员，多数种类为海产，淡水种类相对较少。甲藻门种类主要为单细胞，细胞球形到长形，背腹扁平或左右侧扁。甲藻细胞裸露或具纤维素质的细胞壁（壳），壳壁由小的板块组成，板片上有时具刺或角，板片表面有花纹，板片的数量和排列方式是横裂甲藻重要的分类依据。甲藻门仅 1 纲，甲藻纲（Dinophyceae），下分 4 目。本次调查检到裸甲藻目（Gymnodiniales）和多甲藻目（Peridiniales）共 4 属 7 种。

甲藻纲 Dinophyceae

5.1.1 裸甲藻属 Gymnodinium Stein，1878

细胞卵形或近圆球形，大多数近两侧对称。细胞上下两端钝圆或顶端钝圆末端狭窄；上锥部和下锥部大小相等，或者上锥部较大或者下锥部较大。多数背腹扁平，少数显著扁平。横沟明显，通常环绕细胞一周；纵沟或深或浅，长度不等，有的仅位于下锥部，多数种类略向上锥部延伸。上壳面无龙骨突起，细胞裸露或具薄壁，薄壁由许多相同的六角形的小片组成；细胞表面多数为平滑的，罕见具条纹、沟纹或纵肋纹。色素体多个，呈金黄色、绿色、褐色或蓝色，盘状或棒状，周生或辐射排列；有的种类无色素体；具眼点或无。

真蓝裸甲藻 *Gymnodinium eucyaneum* H. J. Hu，1983：细胞卵圆形，背腹扁平，两端钝圆，上锥部略小，下锥部大，渐狭，呈锥形；横沟环状，纵沟略向上伸入上锥部，向下达下锥部末端。细胞宽 16 ~ 19μm，长 29 ~ 45μm，厚 13 ~ 15μm；上锥部长 11 ~ 13μm，下锥部长 17 ~ 19μm。色素体多个，圆盘状，呈蓝绿色，无眼点。

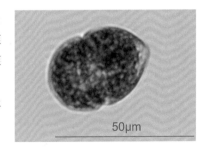

50μm

图 5 - 1　真蓝裸甲藻

裸甲藻 *Gymnodinium aeruginosum* F. Stein，1883：细胞长形，背腹显著扁平。上锥部常比下锥部略大而狭，铃形，钝圆，下锥部也为铃形，稍宽，底部末端平，常具浅的凹入，横沟环状，深陷，沟边缘略凸出。纵沟宽，向上伸入上锥部，向下达下锥部末端。细胞长

33～34μm，宽21～22μm。色素体多数，呈褐绿色或绿色，小盘状。无眼点。

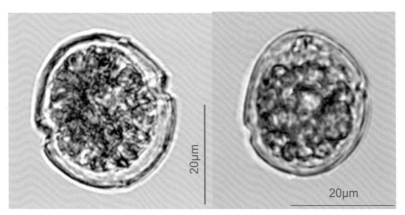

图5-2　裸甲藻

5.1.2　多甲藻属 *Peridinium* Ehr.，1838

细胞常为球形、椭圆形到卵形，罕见多角形，略扁平，顶面观常呈肾形，背部明显凸出，腹部平直或凹入。纵沟、横沟显著，大多数种类的横沟位于中间略下部分，多数为环状，也有左旋或右旋的，纵沟有的略伸向上壳，有的仅限制在下锥部，有的达到下锥部的末端，常向下逐渐加宽。沟边缘有时具刺状或乳头状突起。通常上锥部较长且狭，下锥部短而宽。有时顶极为尖形，具孔或无，有的种类底极显著凹陷。板片光滑或具花纹；板间带或狭或宽，宽的板间带常具横纹。细胞具明显甲藻液泡，色素体常为多数，颗粒状，周生，黄绿色、黄褐色或褐红色。具眼点或无。有的种类具蛋白核。细胞核大，圆形、卵形或肾形，位于细胞中部。

加顿多甲藻 *Peridinium gatunense* Nygaad in Ostenfeld & Nygaard，1925：细胞近球形，背腹不扁平，细胞长约50μm，宽约48μm，无顶孔；上锥部略大于下锥部；横沟明显左旋，纵沟略向上伸入上锥部，向下渐宽，但不达到下锥部末端。板片程式为：4′，3a，7″，5‴，2⁗，菱形板（即1′）长而窄；横沟边缘突出呈翅状。

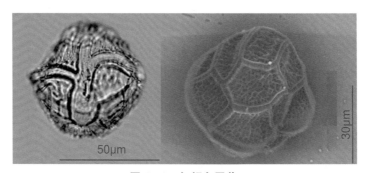

图5-3　加顿多甲藻

二角多甲藻 *Peridinium bipes* F. Stein, 1883：细胞卵形、梨形或球形，细胞长 40~60μm，宽略小于长，背腹扁平，具顶孔。横沟明显左旋，但不到达下壳末端。板片程式为：4′, 3a, 7″, 5‴, 2⁗；两块底板大小多不相等。板间带常很宽，具横纹；顶板较宽。

图 5-4　二角多甲藻

5.1.3　拟多甲藻属 *Peridiniopsis* Lemmermann，1904

细胞椭圆形或圆球形；下锥部等于或小于上锥部；板片可以具刺、似齿状突起或翼状纹饰。板片方程式为：(3~5)′, (0a~1a), (6~8)″, 5‴, 2⁗。

埃尔拟多甲藻 *Peridiniopsis elpatiewskyi* (Ostenf.) Bourrelly, 1968：细胞五角形或卵圆形，背腹略扁平，具顶孔，上锥部圆锥形，显著大于下锥部，细胞长 30~45μm，宽 28~35μm；横沟几乎为一圆圈，纵沟略深入上壳，向下逐渐显著扩大，下锥部具 2 块大小相等的底板；板片程式为：4′, 0a, 7″, 5‴, 2⁗；壳面具细穿孔纹。

图 5-5　埃尔拟多甲藻

倪氏拟多甲藻 *Peridiniopsis niei* G. X. Liu & Z. Y Hu in Liu et al., 2008：细胞五边形，背腹极扁平，细胞长 26~48μm，宽 15~35μm；上壳明显大于下壳，上下壳之比为 1.2~1.6；上壳三角形，下壳梯形、截平，通常具 2 根底刺；横沟稍左旋，纵沟宽，延伸至底端；板片程式为：4′, 0a, 6″, 5‴, 2⁗，板片排列左右大致对称。

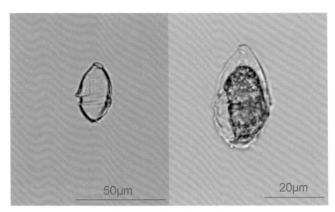

图 5 - 6　倪氏拟多甲藻

5.1.4　角甲藻属 *Ceratium* Schrank，1773

单细胞或有时连接成群体。明显不对称，背腹扁平。细胞具 1 个顶角或 2~3 个底角。顶角末端具顶孔，底角末端开口或封闭。横沟位于细胞中央，环状或略呈螺旋状，左旋或右旋。细胞腹面中央为斜方形透明区，纵沟位于腹区左侧，透明区右侧为一锥形沟，用以容纳另一个体前角形成群体。细胞无前后间插板；顶板联合组成顶角，底板组成一个底角，沟后板组成另一个底角。壳面具网状窝孔纹。色素体多数，小颗粒状，呈金黄色、黄绿色或褐色。有或无眼点。

角甲藻 *Ceratium hirundinella*（Müll.）Dujardin，1841：细胞背腹显著扁平；细胞长 90~450μm；顶角狭长，平直而尖，具顶孔；底角 2~3 个，放射状，末端多数尖锐、平直，或呈各种形式的弯曲；有些类型其角或多或少向腹侧弯曲；横沟几乎呈环状，极少呈左旋或右旋，纵沟不伸入上壳，较宽，几乎达到下壳末端，壳面具粗大的窝孔纹，孔纹间具短的或长的棘；色素体多数，呈黄色或暗褐色。

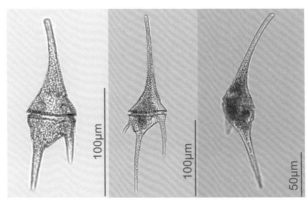

图 5 - 7　角甲藻

6　异鞭藻门 Heterokontophyta（棕色藻门 Ochrophyta）

该门由 Hoek（1978）建立，建立依据是该门藻类具 2 根不等长的鞭毛。现代分子系统学研究表明，异鞭藻门质体是通过与红藻的二次内共生来源的，均具两层质体内质网膜。该门不同纲在色素组成以及贮藏物质类型之间具较为一致的相似性。

6.1　硅藻纲 Bacillariophyceae

硅藻纲为单细胞，或彼此细胞壳面相连成群体；硅藻具有硅质化的细胞壁，形成坚硬的壳体，硅藻的壳体由上下两个半壳面套合而成，较大的壳面称为上壳，较小的壳面称为下壳，上壳犹如盒子的盖子盖在下壳上；上下壳通过壳环带连接，从垂直的方向观察硅藻细胞的上壳面或下壳面时，称为壳面观，从水平方向观察细胞的壳环带时，称为带面观，可看到硅藻细胞的侧面轮廓；硅藻细胞的带面观多为矩形。硅藻的壳面形状多种，有圆形、菱形、线形、舟形、披针形等；壳面通常有由细胞壁上的许多小孔紧密或疏松排列而成的线纹，这也是硅藻种类鉴定最重要的依据；壳面中部的无纹平滑区称为"轴区"；轴区中部被较短横线纹包围的区域称为"中央区"；轴区中部纵向的裂缝称为"壳缝"；有的种类无壳缝，其中轴区称为"假壳缝"；本次调查硅藻纲种类包括盒形目和棍形目，共发现 30 属 85 种。

6.1.1　浮游直链藻属 *Aulacoseira* Thwaites，1848

壳面圆形，壳套面高，细胞通常以带面观呈现，壳套面点纹在光镜下清晰可见，排列成直或弯曲的线。植物体由细胞的壳面互相连成长短不一的链状群体，多为浮游；细胞圆柱状，绝少数圆盘形、椭圆形或球形；壳面通常圆形，平或凸起，有或无纹饰；壳面常有棘或刺。

颗粒浮游直链藻 *Aulacoseira granulata*（Ehr.）Simonsen，1979：壳面圆形，直径 4 ~ 20μm，壳套面高 5 ~ 24μm；细胞常通过壳面的短刺彼此相连形成长链状群体，位于两端的细胞具不规则的长刺，与壳套面高度几乎相等；壳套面的点孔纹呈方形或圆形，点孔纹在位于两端的细胞呈纵向平行排列，其他细胞为斜向平行排列，点纹 10μm 内具 8 ~ 15 条。

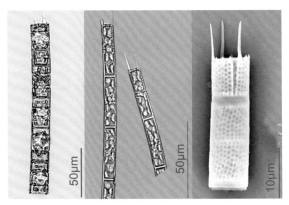

图 6 - 1　颗粒浮游直链藻

颗粒浮游直链藻极狭变种 *Aulacoseira granulata* var. *angustissima*（O. F. Müller）Simonsen, 1979：此变种与原变种的区别在于其壳面直径小，所形成的链状群体细长；细胞直径 2.5 ~ 4.5μm，壳套面高度是细胞直径 3 倍以上。

图 6 - 2　颗粒浮游直链藻极狭变种

颗粒浮游直链藻极狭变种螺旋变型 *Aulacoseira granulata* var. *angustissima* f. *spiralis* Hustedt, 1927：此变型与此变种的不同为链状群体形成螺旋状弯曲。

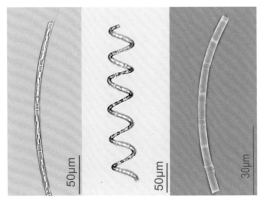

图 6 - 3　颗粒浮游直链藻极狭变种螺旋变型

模糊浮游直链藻 *Aulacoseira ambigua*（Grunow）Simonsen, 1979：壳面圆形，壳体圆柱形，细胞直径 3 ~ 10μm，壳套面高 5 ~ 19μm；细胞之间以较短的连接刺连成链状群体，壳面边缘的连接刺在电镜下可见；所有细胞上点孔纹呈圆形到正方形，呈倾斜排列，位于两端的细胞除外。

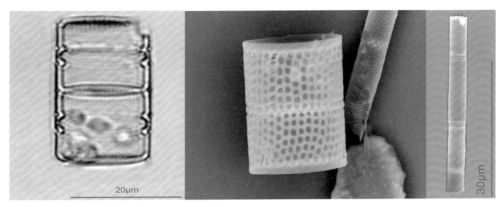

图 6 - 4　模糊浮游直链藻

变异浮游直链藻 *Aulacoseira varians* C. Agardh，1827：壳面圆形，壳体圆柱形，带面观呈矩形，细胞直径 7～35μm，壳套面高 5～14μm；形成链状结构；壳套面上的纹饰和细胞间相连的刺在光镜下不可见。

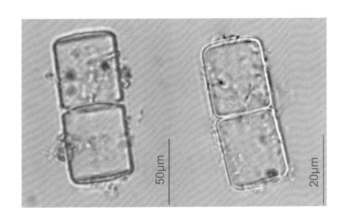

图 6 - 5　变异浮游直链藻

6.1.2　小环藻属 *Cyclotella* Kützing，1833

该属细胞壳面圆形，细胞呈圆柱形；壳面中央区的纹饰与边缘区结构不同，仅边缘区有线纹或肋纹，且呈辐射状排列，中央区平滑或者具有唇形突和支持突。

星肋小环藻 *Cyclotella asterocostata* Xie，1985：细胞单生，壳面圆盘状，直径 20 ~ 34μm。壳面圆形，边缘外围具一圈瘤状凸起，10μm 内有 4 ~ 6 个；边缘区和中央区的线纹均呈辐射状排列，10μm 内有 12 ~ 16 条；壳面中心部分平滑或具散生的点纹。

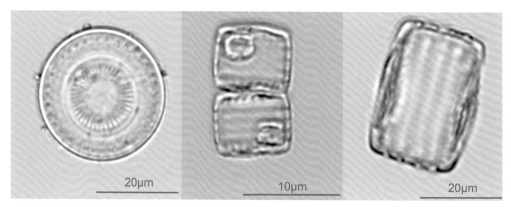

图 6 - 6　星肋小环藻

梅尼小环藻 *Cyclotella meneghiniana* Kützing，1884：壳面圆形，壳体鼓形或圆柱形，直径 7 ~ 35μm；壳面中央区和边缘区边界明显；边缘区宽度约为直径的 1/4，边缘区具辐射状线纹，10μm 内有 5 ~ 10 条；中央区平滑或具 1 ~ 2 个支持突。

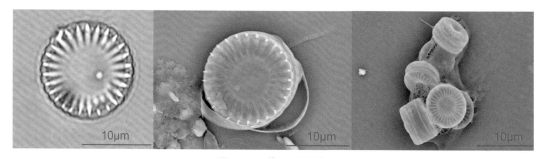

图 6 - 7　梅尼小环藻

湖北小环藻 *Cyclotella hubeiana* Chen & Zhu，1985：壳体鼓形，细胞直径 6.5 ~ 33μm，连接成短链；壳面圆形，呈同心波曲，边缘区宽度为直径的 2/3 ~ 3/4，线纹粗，长短交替，10μm 内有 10 ~ 14 条；近边缘线纹间具粗短纹，10μm 内有 3 ~ 6 条；中央区圆形，平滑或散生点纹。

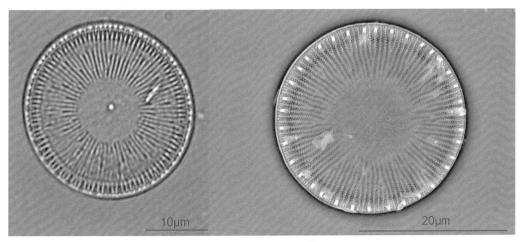

图 6 - 8　湖北小环藻

具星小环藻 *Cyclotella stelligera*（Cleve et Grunow）Van Houk，1882：细胞上下壳面结构不同，壳面圆形，直径 7.5 ~ 20 μm；壳面呈同心波动，中央区与边缘区被一条无纹饰的环带分开；中央区凸起或凹入，凸起的中央区具由辐射状的细纹围绕一个或多个气孔组成的星形图案；另一壳面的中央区相应凹入，无纹饰或具非常模糊的辐射状线纹。

图 6 - 9　具星小环藻

6.1.3　圆筛藻属 *Coscinodiscus* Ehrenberg，1839

盐生圆筛藻 *Coscinodiscus subsalsus* Stoermer & Yang，1969：细胞圆盘形，圆盘轻微同心波动，大小 14 ~ 72 μm，小室呈粗糙多边形，形成 6 个辐射束，10 μm 内有 8 ~ 12 个，壳面边缘 4 ~ 8 个支持突，因支持突处于壳套接口处，光学显微镜下常不可见。《欧洲硅藻鉴定系统》中对该种类以 *Actinocyclus normanii* 命名，此次我们将该种归入圆筛藻属。

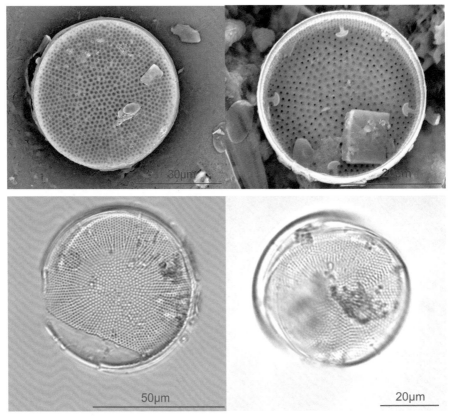

图 6 - 10　盐生圆筛藻

6.1.4　根管藻属 *Rhizosolenia*（Ehrenberg）Brightwell，1858

植物体为单细胞或由几个细胞连成直的、弯的或螺旋状的链状群体；细胞长棒形、长圆柱形，细胞壁很薄，具规律排列的细点纹，在光学显微镜下不能分辨；带面常具间生带；壳面圆形或椭圆形，具圆锥状凸起，凸起末端延长成长或短的棘刺。

刚毛根管藻 *Rhizosolenia setigera* Brightwell，1858：单细胞，极少情况下组成短链，细长圆柱状，直径 $10\mu m$；壳面呈较高的偏锥形，顶端存在一细长刺，向外伸展一定距离后逐渐变细成长刺状。

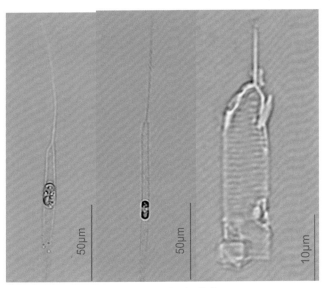

图 6-11　刚毛根管藻

长刺根管藻 *Rhizosolenia longiseta* O. Zacharias，1893：单细胞，细胞长棒形，细胞长 70～200μm，直径 4～10μm；有背腹之分；带面具发达的半环形的间生带；壳面椭圆形；末端具 1 条细长刚硬的棘刺，刺长接近于或明显超过细胞长度；刺长 80～200μm。

图 6-12　长刺根管藻

6.1.5　四棘藻属 *Attheya* West，1860
该属细胞为单细胞或由刺相互连接形成链状群体；细胞扁圆柱形，细胞壁极薄，平滑或具难以分辨的细点纹，带面观矩形，壳面扁椭圆形，壳面四个角上分别有粗而长的刺。

扎卡四棘藻 *Attheya zacharias* Brun，1894：单细胞或 2～3 个细胞互相连成暂时性的短链状群体；细胞长 35～110μm，宽 11.5～42μm；细胞扁椭圆形，细胞壁极薄；末端楔形，无隔片；壳面扁椭圆形，中部凹入，由每个角状凸起延长成 1 条粗而坚硬的长刺，刺长 12.5～100μm。

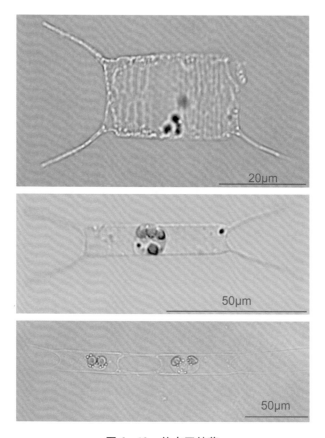

图 6 - 13　扎卡四棘藻

6.1.6　脆杆藻属 *Fragilaria* Lyngbye，1819

该属细胞通过壳面互相连接形成带状群体，带面观矩形，某些种类通过细胞膨大处相连成群体；壳面线形到披针形，有的椭圆形，两侧对称；中部边缘略膨大或缢缩，末端呈钝圆、喙状或头状；壳面两侧线纹平行，中央区延伸至壳面一侧或两侧边缘。

无隔脆杆藻 *Fragilaria vaucheriae*（Kützing）J. B. Petersen，1938：细胞可相连形成带状群体，带面观呈矩形；壳面线形到线形披针形，末端呈喙状或亚头状，细胞长 12～30μm，宽 4～5μm；壳面中央具有边缘单侧膨胀，在较大个体中，中央空白区可延伸到壳面两侧边缘，在中小个体中，中央空白区只在一侧出现；线纹在两端呈微辐射状，10μm 内有 12～16 条。

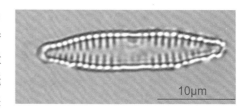

图 6 - 14　无隔脆杆藻

肘状脆杆藻 *Fragilaria ulna*（Nitzsch）Lange-Bertalot，1980：壳面线形到线形披针形，带

面线形，两端呈钝圆形或喙状，细胞长 50～600μm，宽 2～9μm；假壳缝呈狭窄线形；中央区矩形或近似正方形，有时在中央区边缘具很短小的线纹；线纹较粗，平行排列，10μm 内有 7～15 条。

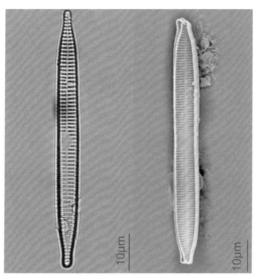

图 6-15　肘状脆杆藻

肘状脆杆藻尖形变种 *Fragilaria ulna* var. *acus*（Kützing）Lange-Bertalot, 1980：壳面披针形，中部宽，从中部向两端逐渐狭窄，末端圆形或近头状，细胞长 62～300μm，宽 3～6μm；假壳缝狭窄，线形，中央区矩形，横纹线细、平行排列，10μm 内有 10～18 条。

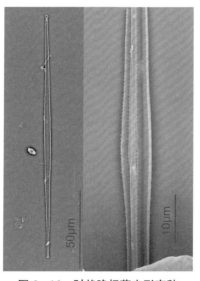

图 6-16　肘状脆杆藻尖形变种

6.1.7 星杆藻属 *Asterionella* Hassall，1850

植物体通过胞内分泌物由基部相连形成星状或螺旋状群体，群体通常由 8 ~ 20 个个体组成。壳体沿顶轴对称，沿横轴不对称；壳面线形到披针形，顶端膨大；细胞在形成群体时常呈带面观，当经过消解后细胞单个存在，可见壳面观，壳面边缘可见小的刺状结构。

华丽星杆藻 *Asterionella formosa* Hassall，1850：壳面线形，末端膨大或呈头状，长 40 ~ 80μm，宽 2 ~ 5μm；细胞通过膨大的末端连成星状群体，从带面观可见末端三角形的膨大处；线纹 10μm 内有 24 ~ 28 条。

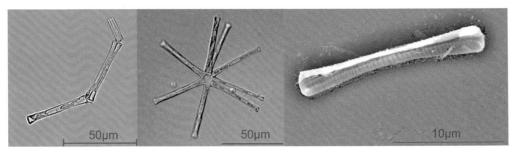

图 6 - 17　华丽星杆藻

6.1.8 短缝藻属 *Eunotia* Ehrenberg，1837

该属细胞为单细胞或连成带状细胞，壳面月形或弓形，壳面背侧凸起，波状弯曲，腹侧平直或凹下，带面观矩形或线形；壳缝向壳面弯曲延伸，因此壳缝仅在带面观可见；壳面沿横轴对称，沿纵轴不对称；横向线纹分布于整个壳面。

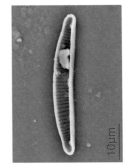

图 6 - 18　小短缝藻

小短缝藻 *Eunotia minor*（Kützing）Grunow in Van Heurck，1881：壳面背侧呈拱形，拱形程度中等，细胞长 20 ~ 60μm，宽 4.5 ~ 8μm；在两端明显收缩，形成延长宽头状或钝圆状，腹侧较直；壳面线纹较宽，末端线纹稍微密集，10μm 内有 9 ~ 15 条。

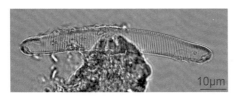

图 6 - 19　冰河短缝藻

冰河短缝藻 *Eunotia glacialis* F. Meister，1912：壳面背腹侧程度较弱，细胞长 50 ~ 80μm，宽 8 ~ 10μm；腹侧略弯曲或平直；壳面向末端逐渐变窄，在两端微收缩，两端延伸呈钝圆形；10μm 内有 15 ~ 22 条。

　　双月短缝藻 *Eunotia bilunaris*（Ehrenberg）Schaarschmidt in Kanitz，1880：壳面弯曲较弱，腹缘平直或略凹入，长 10 ~ 150 μm，宽 2 ~ 6 μm；壳面向末端不狭窄，末端圆形；横线纹近乎平行，10 μm 内有 9 ~ 28 条。

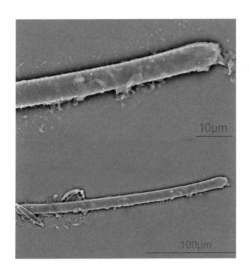

图 6 - 20　双月短缝藻

6.1.9　卵形藻属 *Cocconeis* Ehrenberg，1835

　　该属细胞为单细胞，通过壳缝面分泌的黏液物质着生在丝状藻类或其他基质上；壳面椭圆形到宽椭圆形，上下两个壳面外形相同，花纹略有差异或相似；上下两个壳面一个具真壳缝，另一个具假壳缝，壳缝面线纹较细，无壳缝面线纹较粗，由点孔纹组成；轴区线形。

　　扁圆卵形藻 *Cocconeis placentula* Ehrenberg，1838：壳面椭圆形，细胞长 8 ~ 98 μm，宽 7 ~ 40 μm；上下壳面的轴区均狭窄，呈线形；壳面边缘具一圈环绕的平滑区；壳缝面中央区小，线纹细，在中间近似平行，两端线纹呈辐射状，10 μm 内有 20 ~ 23 条；无壳缝面无明显的中央区，线纹较粗，由大小相等的点孔纹组成，在中间近似平行，两端线纹呈辐射状。

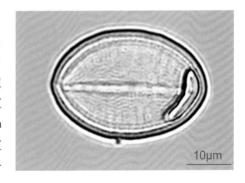

图 6 - 21　扁圆卵形藻

6.1.10　曲壳藻属 *Achnanthes* Bory，1822

该属细胞为单细胞或通过壳面相连形成带状结构或短链状群体，壳面线形披针形到线形椭圆形或椭圆形；两壳面结构不同，上壳面凸出，具假壳缝，无中央区，下壳面凹入，具壳缝，因此带面观弯曲。

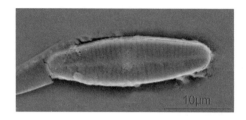

比索曲壳藻 *Achnanthes biasolettiana* Grunow in Cleve & Grunow，1930：壳面宽线形或椭圆形，细胞长 8～30μm，宽 3～7μm；两端逐渐狭窄呈宽圆形；假壳缝窄线形，中央区较小；线纹略微呈放射状排列，10μm 内有 20～30 条。

图 6-22　比索曲壳藻

悦目曲壳藻 *Achnanthes amoena* Hustedt，1952：壳面中部通常线形椭圆形，末端常延长呈圆头状，细胞长 16～20μm，宽 4～6μm；中轴区呈狭窄线形；无壳缝面和有壳缝面差异较小，横线纹间隔较宽，10μm 内有 18～25 条。

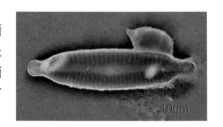

图 6-23　悦目曲壳藻

细小曲壳藻 *Achnanthes pusilla* Grunow in Cleve & Grunow，1880：壳面窄线形，宽 3～10μm，长 40～70μm，末端略狭窄；远壳缝端平直；线纹间隔较宽，两端线纹密度略大于中央区线纹，10μm 内有 20 条左右。

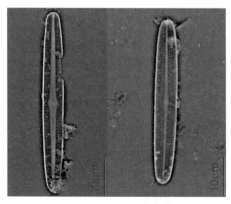

图 6-24　细小曲壳藻

近海洋曲壳藻 *Achnanthes submarina* Hustedt，1956：壳面中部宽椭圆形至约方形，壳端呈伸长的宽头状，细胞长 20～28μm，宽10～15μm；有壳缝面的中央区很小，无壳缝面的中轴区线形，中央区壳缝加宽，呈矩形或不规则形状；横线纹 10μm 内有 18～24 条。

图 6 – 25 近海洋曲壳藻

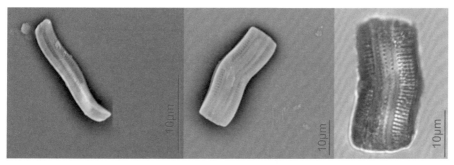

图 6 – 26 曲壳藻带面观

6.1.11 曲丝藻属 *Achnanthidium* Round & Bukhiyarova，1996

该属细胞为单细胞或形成短链状群体，壳面较窄；壳缝面凹，因此带面观呈浅"V"形；轴区窄线形；线纹较细，通常以单列辐射状排列；无壳缝面中央区小或无，线纹平行或略微辐射。

膨端曲丝藻 *Achnanthidium macrocephalum*（Hustedt）Round & Bukhtiyarova，1996：细胞线形棒状，细胞长 5～25μm，宽2.5～4μm；末端宽圆形，细胞中央区不明显，线纹斜向中央区辐射状排列，10μm 内有 27～32 条。

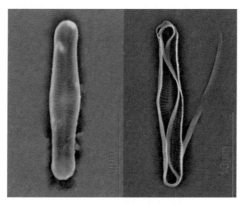

图 6 – 27 膨端曲丝藻

6.1.12 **平面藻属** *Planothidium* Round，1996

该属为单细胞，通常在无壳缝面的中央区一侧具明显的马蹄形加厚。轴区窄线形，中央区呈矩形或"蝴蝶结"形，壳面线纹均呈辐射状；无壳缝面线纹密度与壳缝面相似，辐射状不明显，有时在壳面中间近乎平行。

频繁平面藻 *Planothidium frequentissimum* Lange-Bertalot，1991：壳面椭圆形到披针形，细胞长 5 ~ 17μm，宽 3 ~ 6μm；两端呈钝圆形；壳缝面轴区线形，中央区形状从横向矩形到"蝴蝶结"形，壳缝直；无壳缝面轴区线形披针形，在中间加宽，中央区不对称，一侧具马蹄形加厚；壳面线纹在两面均呈辐射状，10μm 内有 13 ~ 18 条。

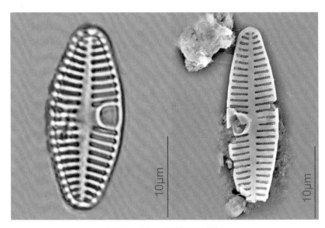

图 6 - 28　频繁平面藻

6.1.13 **羽纹藻属** *Pinnularia* Ehrenberg，1843

该属细胞为单细胞或连成带状群体，壳面形状有线形披针形、椭圆形、椭圆披针形；带面观矩形；两端头状或钝圆形；中轴区线形到披针形，有些种类超过壳面宽度的三分之一；中央区形状多变，向一侧或两侧扩大，有圆形到椭圆形或矩形；壳缝在近壳缝端膨大，略微向同侧弯曲，远壳缝端弯曲程度较大；壳面两侧具粗或细的肋纹，一般壳面两端的肋纹比中间部分的肋纹密集。

岐纹羽纹藻 *Pinnularia divergentissima*（Grun.）Cleve，1895：壳面线形到线形披针形，细胞长 24 ~ 47μm，宽 4 ~ 8μm；两端伸长或呈头状，末端钝圆；中轴区狭窄，仅向中央区略加宽，中央区横宽带状；壳缝两侧横肋纹在中部明显向中央区放射状排列，近两端 1/4 处向极节明显放射状排列，线纹间距大，10μm 内有 10 ~ 14 条。

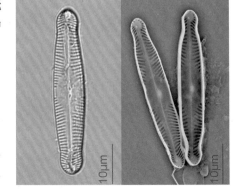

图 6 - 29　岐纹羽纹藻

间断羽纹藻 *Pinnularia interrupta* W. Smith，1853：壳面线形到宽披针形，细胞长 26～80μm，宽 6.5～16μm；边缘平行或略凸出，两端变狭呈喙状到头状；中轴区狭窄线形，近中央区略加宽，中央区较大、呈菱形，延伸至壳面两侧边缘；壳缝线形，其两侧的横肋纹在中部明显呈向中央区放射状排列，在两端向极节放射状排列，10μm 内有 9～16 条。

图 6-30　间断羽纹藻

布朗羽纹藻 *Pinnularia braunii*（Grunow）Cleve，1895：壳面线形，两侧边缘平行或略凸出，两端变狭缢缩呈头状到喙状；近中央区加宽，中央区大、横带状；壳缝线形，其两侧的横肋纹在靠近中部明显呈放射状，两端斜向极节，10μm 内有 9～15 条。

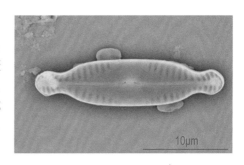

图 6-31　布朗羽纹藻

超级羽纹藻 *Pinnularia superba* Cleve-Euler，1955：壳面线形，细胞长 172～225μm，宽 20～23μm；中部轻微凸出，末端宽圆形；轴区宽度占壳面宽度 1/3 以上，中心区轻微扩大，近壳缝端明显弯斜，远壳缝端较长，近刺刀形；壳面横线纹在中部向中央区辐射状排列，在末端向极节密集辐射状排列，横肋纹在 10μm 内有 7～9 条。

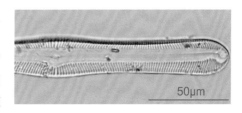

图 6-32　超级羽纹藻

微辐节羽纹藻 *Pinnularia microstauron*（Ehrenberg）Cleve，1891：壳面宽线形，细胞长 20～90μm，宽 7～11μm；两侧边缘平行或微凸，两端呈宽圆形；中央区形状不规则，有的种类没有延伸至壳面边缘，其两侧的横肋纹在中部明显向中央区放射状排列，在两端向极节放射状排列，10μm 内有 10～13 条。

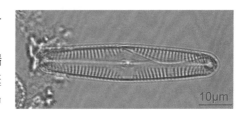

图 6-33　微辐节羽纹藻

6.1.14　盘状藻属 *Placoneis* Mereschkowsky，1903

该属细胞壳面线形、披针形、宽椭圆形；有的种类两端延长呈喙状或头状；轴区窄，近壳缝端膨大；有的种类中央区具两个眼点；线纹单列，由点孔组成。

短小盘状藻 *Placoneis exigua*（W. Gregory）Mereschkowsky，1903：细胞壳面宽披针形到宽椭圆形，细胞长 15～40μm，宽 7～15μm，两端延长成宽喙状；壳缝直，中央区较小，呈近似圆形，其周围的线纹长短交替排列；壳面线纹呈辐射状排列，10μm 内有 10～14 条。

图 6-34　短小盘状藻

6.1.15　杯状藻属 *Craticula* Grunow，1968

该属细胞壳面披针形或菱形，两端呈钝圆形或喙状。由于细胞的渗透压作用使得内壳结构特殊，线纹横向平行，由单列规则的细点孔组成。近壳缝端有时略膨大。

适应杯状藻 *Craticula accomodiformis* Lange-Bertalot，1993：壳面宽披针形，细胞长 28～37μm，宽 8～12μm；两端呈短喙状；近壳缝端膨大，距离较远；轴区呈较窄的线形；线纹几乎平行分布于整个壳面，有时在两端分布密集，呈汇聚状，在中间 10μm 内有 17～25 条，在两端 10μm 内有 20～28 条。

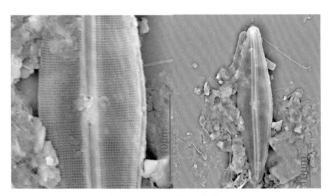

图 6-35　适应杯状藻

尖头杯状藻 *Craticula cuspidata*（Kützing）D. G. Mann，1990：细胞个体较大，长 65～170μm，宽 17～35μm；壳面披针形到菱形披针形，两端明显延长，呈尖圆形或喙状；壳缝丝状，近壳缝端略膨大，且弯曲呈钩状；轴区窄，线形，在中间加宽，形成不明显的中央区；线纹几乎平行，两端汇聚，10μm 内 11～15 条。

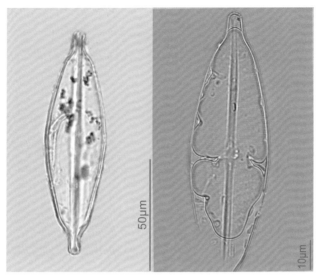

图 6 - 36　尖头杯状藻

6.1.16　鞍形藻属 *Sellaphora* Mereschkovsky，1902

该属细胞线形、披针形或椭圆形，两端呈钝圆形，某些种类在壳面顶端具明显的横向加厚；轴区及中央区明显，近壳缝端弯曲，线纹单列组成。

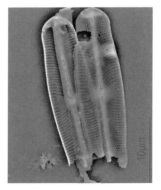

瞳孔鞍形藻 *Sellaphora pupula*（Kützing）Mereschkovsky，1902：壳面形状多变，线形、披针形到椭圆形，细胞长 10 ～ 60μm，宽 5 ～ 12μm；两端呈圆形、喙状或亚头状；轴区窄，中央区形状可变，通常为不规则形，中央区的线纹长短不一，交错排列，壳面顶端具明显的横向加厚；线纹在壳面中间呈辐射状，两端逐渐接近平行，10μm 内有 16 ～ 28 条。

图 6 - 37　瞳孔鞍形藻

胡斯特鞍形藻 *Sellaphora hustedii*（Krasske）Lange-Bertalot & Werum，2004：壳面线形披针形，细胞长 12 ～ 17μm，宽 4 ～ 5μm；中间明显凸起，两端较窄，延伸呈头状；轴区窄，中央区横向延长；壳面线纹呈辐射状，10μm 内有 24 ～ 28 条。

图 6 - 38　胡斯特鞍形藻

6.1.17 辐节藻属 *Stauroneis* Ehrenberg，1842

该属细胞与其他属的不同之处在于其壳面中央具有明显加厚的透明区，并延伸至壳面两侧。壳面披针形，轴区窄。

紫心辐节藻 *Stauroneis phoenicenteron*（Nitzsch）Ehrenberg，1843：细胞个体较大，壳面菱形披针形，细胞长 70 ~ 360 μm，宽 16 ~ 53 μm；两端延伸呈喙状或圆形；壳缝直；中央透明带明显，并延伸至壳面两侧；壳面线纹由明显的点孔组成，10 μm 内有 12 ~ 20 条。

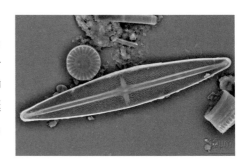

图 6 - 39　紫心辐节藻

6.1.18 布纹藻属 *Gyrosigma* Hassall，1845

该属细胞壳面、轴区、壳缝均呈 "S" 形。线纹由点纹组成，同时垂直或平行于横轴和纵轴，远壳缝端向相反方向弯曲。

尖布纹藻 *Gyrosigma acuminatum*（Kützing）Rabenhorst，1853：壳面呈 "S" 形，细胞长 60 ~ 180 μm，宽 11 ~ 18 μm；在中间渐宽，两端逐渐狭窄；中央区不倾斜；壳缝呈 "S" 形，位于壳面中间；具有同时垂直或平行于横纵和纵轴的横纵向线纹，清晰可见；10 μm 内有 16 ~ 22 条。

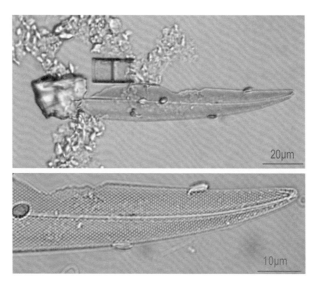

图 6 - 40　尖布纹藻

6.1.19　短纹藻属 *Brachysira* Kützing，1836

该属细胞壳面线形到线形披针形，两端圆形或延长，某些种类沿横轴有不同程度的不对称；壳缝直，轴区窄，线纹由明显的点纹组成，在纵向呈波动状。

新锐短纹藻 *Brachysira neoacuta* Lange-Bertalot in Lange-Bertalot & G. Mosor，1994：壳面菱形披针形，细胞长 31~51μm，宽6.5~9μm；由中间向两端渐细，顶端呈尖圆形；中央区呈不对称圆形；壳缝直，位于两条肋纹之间，近壳缝端和远壳缝端均略弯曲；壳面线纹在纵向呈波浪状，横向呈微辐射状，10μm 内有 24~26 条。

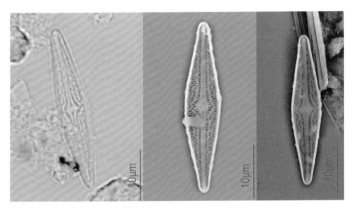

图 6 - 41　新锐短纹藻

新纤细短纹藻 *Brachysira neoexilis* Lange-Bertalot in Lange-Bertalot & Gerd Moser，1994：壳面披针形到菱形披针形，或呈椭圆形，大多数为狭窄披针形，细胞长 3~21μm，宽 2~5μm；顶端呈头状或喙状；中央区呈椭圆形到菱形；壳缝直，近壳缝端和远壳缝端均略弯曲；壳面线纹在纵向呈波浪状，横向呈微辐射状，10μm 内有 18~22 条。

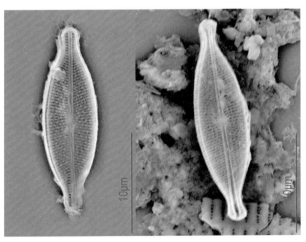

图 6 - 42　新纤细短纹藻

斑环短纹藻 *Brachysira brebissonii* Ross, 1986：
壳面菱形披针形到椭圆披针形，细胞长 11 ~
36μm，宽 4 ~ 8μm；两端呈窄圆形到钝圆形；轴区
窄，中央区呈圆形或菱形；壳缝直，位于两条肋
纹之间，壳面边缘围绕一圈加厚的肋纹，将壳面
与壳套面分开；壳面线纹在纵向呈波浪状，横向
呈微辐射状，10μm 内有 26 ~ 35 条。

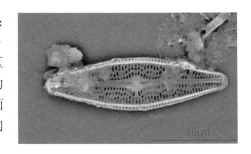

图 6 - 43　斑环短纹藻

6.1.20　舟形藻属 *Navicula* Bory, 1824

该属细胞为单细胞；壳面形状多种，通常为线形披针形或披针形到菱形；两端的形状
也多变，通常为钝圆、喙状或亚头状；中轴区狭窄、线形或披针形；壳缝两侧具点纹组成
的线纹，一般壳面中间部分的线纹数比两端的线纹数略为稀疏，10μm 内的线纹数指壳面
中间部分的线纹数；中央区不形成空白带。

狭窄舟形藻 *Navicula angusta* Grunow, 1860：壳
面线形，细胞长 30 ~ 78μm，宽 5 ~ 7μm；两端延
长呈圆形；轴区线形，狭窄；有的种类中央区左右
略不对称；近壳缝端略膨大；壳面线纹在中间呈辐
射状，在两端汇聚，10μm 内有 11 ~ 12 条。

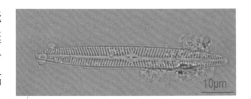

图 6 - 44　狭窄舟形藻

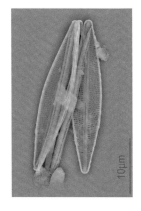

图 6 - 45　嗜盐舟形藻

嗜盐舟形藻 *Navicula halophila* (Grunow) Cleve, 1894：壳面披针
形或线形披针形到菱形，细胞长 20 ~ 90μm，宽 5 ~ 18μm；末端延
伸呈尖圆形或延长；中轴区狭窄，中央区小，中央区的近壳缝端丝
状，且距离较远；壳缝两侧的线纹平行或略微辐射，壳面两端线纹
向极节汇聚，10μm 内有 28 ~ 40 条。

隐头舟形藻 *Navicula cryptocephala* Kützing，1844：壳面披针形，细胞长 13～45 μm，宽 4～9 μm；两端延长，末端呈头状或喙状；中轴区狭窄，中央区向两侧略微延伸，形状不规则，壳缝两侧的横线纹很细，呈放射状斜向中央区，靠近两端的线纹几乎平行或斜向极节，10 μm 内有 16～24 条。

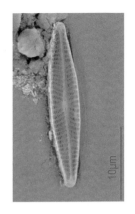

图 6 - 46　隐头舟形藻

辐头舟形藻 *Navicula capitatoradiata* Germain，1986：壳面披针形，细胞长 24～45 μm，宽 7～10 μm；两端延长呈喙状；轴区窄，呈线形，中央区卵形或者呈不规则形，其周围的线纹长短不一；壳面线纹在中间呈辐射状，且明显弯曲，在两端向极节汇聚，10 μm 内有 11～14 条。

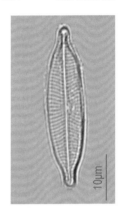

图 6 - 47　辐头舟形藻

微型舟形藻 *Navicula minima* Grunow，1880：壳面线形到线形椭圆形，细胞长 5～18 μm，宽 2～4.5 μm；两端逐渐变窄呈钝圆形；壳缝直；轴区窄，中央区呈"蝴蝶结"形到矩形，位于中央区两侧的线纹很短，且分布较稀疏，呈辐射状，两端线纹略汇聚；10 μm 内有 25～30 条。

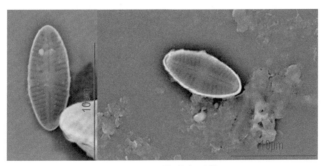

图 6 - 48　微型舟形藻

放射舟形藻 Navicula radiosa Kützing，1844：壳面线形到窄披针形，细胞长 40 ~ 120μm，宽 8 ~ 12μm；两端逐渐变窄呈尖圆形；壳缝略偏向一侧，轴区窄，中央区不对称，通常呈菱形；线纹在壳面中间呈明显辐射状，两端明显汇聚，10μm 内有 10 ~ 12 条。

图 6 - 49 放射舟形藻

锥形舟形藻 Navicula schroeteri F. Meister，1932：壳面线形椭圆形，细胞长 28 ~ 49μm，宽 6 ~ 9μm；两端逐渐变窄呈钝圆形；近壳缝端膨大，向同侧弯曲；远壳缝端呈钩状；轴区窄，呈线形；中央区不对称；壳面线纹粗，线纹在纵向呈围绕中央区的弯曲状，10μm 内有 10 ~ 13 条。

图 6 - 50 锥形舟形藻

6.1.21 长蓖藻属 Neidium Pfitzer，1871

该属细胞在壳面边缘具纵向管道；近壳缝端直或向两侧弯曲，有的种类远壳缝端形成分叉状结构；壳面线纹不连续，通常可形成断层。

宽幅长蓖藻 Neidium ampliatum（Ehrenberg）Krammer & Lange-Bertalot，1985：壳面宽椭圆形，细胞长 40 ~ 100μm，宽 14 ~ 24μm；壳面两端呈钝圆形或头状；近壳缝端向左右两端弯曲，远壳缝端分叉；纵向线接近壳面边缘；轴区直，较窄；中央区矩形；线纹单列，由较大的点孔组成，10μm 内有 20 ~ 30 条。

图 6 - 51 宽幅长蓖藻

双沟长蓖藻 Neidium bisulcatum（Lagerstedt）Cleve，1986：壳面宽圆形到宽线形，细胞长 28 ~ 82μm，宽 7 ~ 12μm；壳面两端呈钝圆形；近壳缝端向两端弯曲，远壳缝端分叉；纵向线接近壳面边缘，壳面两侧分别具 1 ~ 2 条纵向线；轴区窄；线纹由较小的点孔组成，10μm 内有 26 ~ 30 条。

图 6 - 52 双沟长蓖藻

6.1.22　肋缝藻属 *Frustulia* Rabenhorst，1853

该属细胞为单细胞，壳面披针形、长菱形、菱形披针形、线形披针形；带面观矩形；壳面线纹由较小的气孔组成，在纵向和横向均排列整齐成列；具特殊的纵向增厚的肋骨，贯穿于整个壳面的中央，在两端顶端形成"铅笔"结构，壳缝位于肋骨内。

粗脉肋缝藻 *Frustulia crassinervia*（Brébisson ex W. Smith）Lange-Bertalot et Krammer，1996：壳面宽披针形到菱形披针形，细胞长 30～55μm，宽 8～12.5μm；两端延长呈喙状或亚喙状，偶尔亚头状；线纹在纵向和横向均排列成列，横向线纹密度较高，10μm 内有 30～35 条。

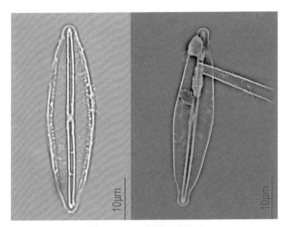

图 6-53　粗脉肋缝藻

6.1.23　双壁藻属 *Diploneis* Ehrenberg ex Cleve，1894

该属细胞单生，壳面椭圆形到卵圆形；两端钝圆；壳面具两条纵向的硅质管道，壳缝位于其中，组成线纹的气孔结构复杂。

椭圆双壁藻 *Diploneis elliptica*（Kütz.）Cleve，1894：壳面椭圆形，细胞长 20～130μm，宽 10～60μm；末端钝圆形；中央节点较膨大，壳缝两侧的纵向管道加厚，在壳缝中间形成明显的拱形；线纹由粗点孔组成，10μm 内有 8～14 条。

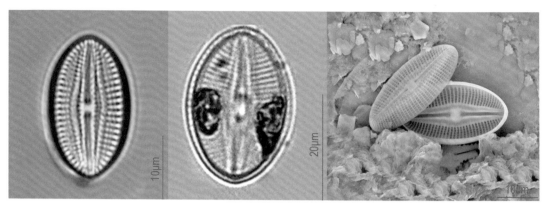

图 6 - 54　椭圆双壁藻

6.1.24　桥弯藻属 *Cymbella* Agardh，1830

该属细胞为单细胞；壳面沿横轴对称，沿纵轴不对称；有明显的背腹之分，背侧凸出，腹侧平直或凹入；壳面形状多变，有月形、线形、菱形披针形等；壳缝略弯曲，少数直；壳面顶端具孔区。

胀大桥弯藻 *Cymbella turgidula* Grunow in A. W. F. Schmidt，1875：壳面椭圆披针形，细胞长 30~50μm，宽 10~14μm；背侧拱形程度大，腹侧略凸，两端延伸呈宽亚头状或喙状；轴区窄，线形；中央区小，近似圆形或呈椭圆形；在腹侧中央线纹的端部具 1~3 个眼点，线纹放射状排列，中间 10μm 内有 8~11 条，两端 10μm 内有 12~14 条。

图 6 - 55　胀大桥弯藻

舟形桥弯藻 *Cymbella naviculiformis* Auersward ex Heib.，1863：壳面背侧和腹侧均呈拱形，细胞长 26~52μm，宽 9~16μm；两端延长，呈明显头状；轴区较窄，中央区呈椭圆或菱形，中央线纹端部无眼点，壳缝略偏向于腹侧；组成线纹的点孔较细，但在光镜下可见，中间 10μm 内有 12~14 条，两端 10μm 内有 15~18 条。

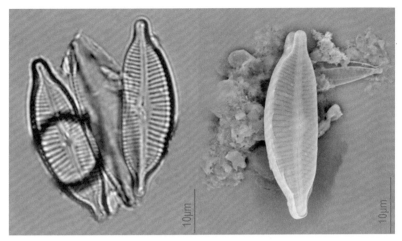

图 6 - 56 舟形桥弯藻

膨胀桥弯藻 Cymbella tumida（Brébisson）Van Heurck，1880：壳面背侧呈明显拱形，腹侧略凹或直，细胞长35～95μm，宽 16～24μm；轴区窄，拱形；中央区较大，呈圆形或菱形；近壳缝端膨大，腹侧中央区线纹末端具有一个较大的眼点；线纹在中央呈明显辐射状，两端几乎平行或略微辐射，中间 10μm 内有 8～11 条，两端 10μm 内有 12～13 条。

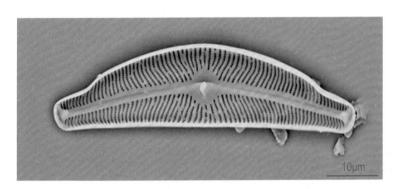

图 6 - 57 膨胀桥弯藻

日本桥弯藻 Cymbella japonica Reichelt in Kütz.，1898：壳面略或近乎无背腹之分，菱形状披针形，细胞长 28～72μm，宽 7～15μm，长宽比为 3.3～4.6；背缘弓形弯曲或比腹缘侧明显或几乎一样，向两端渐尖，端部狭圆形；壳缝几乎在壳面的中线处；轴区较宽，约占壳面宽度的 1/3，且从端部向中央区渐变宽；中央区不明显，常向腹侧略扩大；在腹侧具 1 个明显眼点；线纹放射状排列，中间 10μm 内有 7～10 条，两端 10μm 内有 12～14 条。

图 6 - 58 日本桥弯藻

优美桥弯藻 *Cymbella delicatula* Kützing, 1849：壳面细长，细胞长 17～47μm，宽 6～11μm，背侧拱形，腹侧略凸，两端延长呈尖圆形；轴区较窄，中央区无眼点存在，近壳缝端偏向腹侧；线纹点孔较细，光学显微镜下不可见，中间 10μm 内有 16～22 条，两端 10μm 内有 24～27 条。

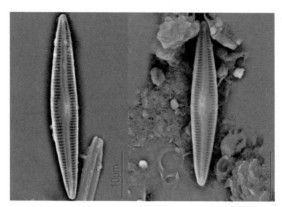

图 6-59　优美桥弯藻

微细桥弯藻 *Cymbella parva* (W. Smith) Kirchner, 1878：壳面具背腹之分，常为披针形，细胞长 24～45μm，宽 8～15μm，长宽比为 3.5～4.4；背缘明显呈弓形弯曲；腹缘略平直；两端狭圆形；壳缝略偏腹侧；近壳缝端呈侧翻状；远壳缝端线形，端缝弯向背侧；轴区窄，线形，略弯曲；中央区不明显；有 1 个明显眼点，位于腹侧中央线纹的端部；线纹略呈放射状排列，中间 10μm 内有 8～12 条，两端 10μm 内有 14～18 条。

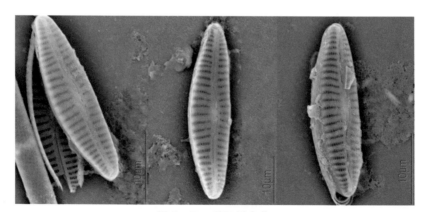

图 6-60　微细桥弯藻

6.1.25　双眉藻属 *Amphora* Ehrenberg ex Kützing，1844

该属细胞多为单细胞，壳面沿横轴对称，沿纵轴不对称，壳面背腹之分程度较明显，壳面呈月形；末端延伸呈钝圆形或头状；壳缝略偏于中央，从直到拱形；背侧通常具透明区，中央无眼点存在。

卵圆双眉藻 *Amphora ovalis*（Kütz.）Brébisson & Godey，1844：壳面新月形，细胞长 32 ~ 95μm，宽 8 ~ 17μm；两端呈圆形，背侧边缘平滑拱形，腹侧边缘略凹；轴区窄，壳缝线形，或向背侧呈拱形；背侧无中央空白区，腹侧空白区延伸至壳面边缘；背侧线纹在中间略呈辐射状，两端呈明显辐射状；腹侧线纹在中间呈辐射状，两端渐汇聚；壳面线纹 10μm 内有 10 ~ 12 条。

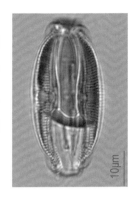

图 6 - 61　卵圆双眉藻

6.1.26　内丝藻属 *Encyonema* Kützing，1833

该属细胞为单细胞或分泌黏质鞘在黏质管内形成群体；壳面沿横轴对称，沿纵轴不对称；壳面背腹性明显，背侧拱形程度明显，腹侧直或平直；两端钝圆或喙状；壳缝直，一般同腹侧边缘相平行。

小内丝藻 *Encyonema minutum*（Hilse）D. G. Mann，1990：壳面半椭圆形到半披针形，细胞长 7 ~ 32μm，宽 7 ~ 8μm；壳面背侧明显拱形，腹侧直，有时中部略胀大；两端呈尖圆形；轴区窄，中央区小且不对称；壳缝直且靠近腹侧，几乎与腹侧边缘平行；近壳缝端丝状，向背侧弯曲；线纹由明显的点纹组成，中间 10μm 内有 10 ~ 15 条，两端 10μm 内有 14 ~ 20 条。

图 6 - 62　小内丝藻

纤细内丝藻 *Encyonema gracile* Rabenhorst，1853：壳面新月形到半披针形；细胞长 22 ~ 57μm，宽 4.5 ~ 9μm，壳面长宽比通常在 5 ~ 8 之间；背侧拱形，腹侧直或在中间略胀大，两端呈尖圆形或喙状；轴区窄，中央区小且不对称；近壳缝端略膨大，向背侧弯曲，远壳缝端呈较长钩状，向腹侧弯曲；中央线纹末端在背侧具眼点；线纹由明显的点孔组成，在中间略呈辐射状，两端渐平行，中间 10μm 内有 9 ~ 14 条，两端 10μm 内有 16 ~ 18 条。

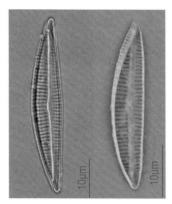

图 6 - 63　纤细内丝藻

　　湖生内丝藻 *Encyonema lacustre* (C. Agardh) Pantocsek, 1901：壳面线形披针形，细胞长 25 ~ 40μm，宽 4 ~ 6μm；壳面背腹之分不明显；两端呈钝圆形；轴区窄，位于腹侧中央区的一条线纹较短；近壳缝端膨大，向背侧弯曲；远壳缝端向腹侧弯曲；线纹几乎平行，由明显的点孔组成，10μm 内有 9 ~ 12 条。

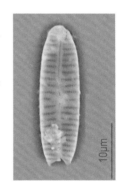

图 6 - 64　湖生内丝藻

图 6 - 65　长内丝藻

　　长内丝藻 *Encyonema latens* (Krasske) D. G. Mann, 1990：壳面半椭圆形，细胞长 7 ~ 32μm，宽 4 ~ 7μm；壳面较宽，背侧拱形明显，腹侧略凸或直，两端呈尖圆形；轴区窄，中央区小且不对称；壳缝直，靠近腹侧，且几乎与腹侧边缘平行；近壳缝端向背侧弯曲，远壳缝端向腹侧弯曲；线纹由明显的点孔组成，中间 10μm 内有 10 ~ 15 条，两端 10μm 内有 10 ~ 20 条。

6.1.27　异极藻属 *Gomphonema* Ehrenberg，1832

　　该属细胞为单细胞，或形成树状群体；细胞沿纵轴对称，沿横轴不对称；壳面棒形、楔形、披针形；带面观多为楔形；中轴区直、狭窄；中央区略扩大；有些种类具眼点，位于中央区一侧，壳面具顶孔区，被壳缝末端分成两半。

微小异极藻 *Gomphonema parvulum*（Kütz.）Kützing，1849：壳面近似卵形披针形，细胞长 10～36μm，宽 4～8μm；顶端形状多变，从钝圆形、喙状到亚头状；轴区窄，线形；中央区小，中央区的一侧具一条短线纹，另一侧具 1 个眼点，位于线纹的末端；线纹在中间平行或呈略辐射状，两端呈明显辐射状，10μm 内有 7～20 条。

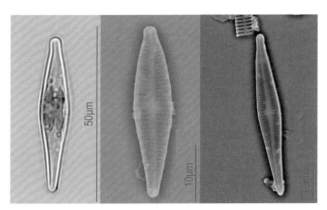

图 6-66 微小异极藻

平截异极藻 *Gomphonema truncatum* Ehrenberg，1832：壳面楔形，细胞长 17～48μm，宽 8.5～13.5μm；壳面外形结构特别，上部宽，前端为圆形头状或广圆形；上部和中部之间具一个明显的缢缩，从中部到下端逐渐狭窄；中轴区狭窄；中央区小，圆形，中央区其中一侧具 1 个眼点；壳缝两侧点纹呈放射状排列，10μm 内有 10～15 条。

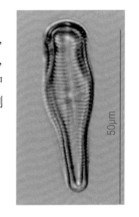

图 6-67 平截异极藻

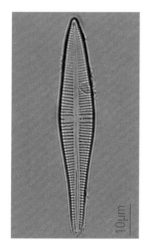

纤细异极藻 *Gomphonema gracile* Ehrenberg，1838：壳面披针形或棍棒形，细胞长 20～200μm，宽 4～11μm；壳面上下两端异极程度微弱；顶端略延长，呈窄圆形或窄亚喙状；壳缝常略弯曲；中央区不对称；在中央区的一侧具 1 个眼点，另一侧通常具一条短线纹；线纹由点纹组成，呈微弱辐射状，10μm 内有 9～17 条。

图 6-68 纤细异极藻

壶形异极藻 *Gomphonema lagenula* Kützing，1844：壳面宽椭圆形到椭圆披针形，细胞长 16.5～26μm，宽5.5～7μm；壳面上下两端异极程度微弱；顶端和末端均呈明显头状或喙状；轴区窄，中央区小，其周围的线纹间距较宽，在一侧具1个眼点；线纹平行或略呈辐射状，10μm内有13～20条。

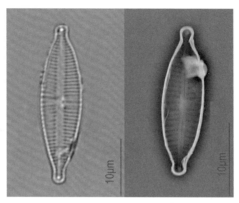

图6-69　壶形异极藻

机灵异极藻 *Gomphonema clevei* Fricke in A. W. F. Schimidt，1902：壳面线形披针形，细胞长20～96μm，宽6～14μm；顶端呈尖圆形，末端较窄；壳缝直，远壳缝端膨大，且略弯曲；轴区窄，在中央区的一侧具1个眼点；壳面线纹呈辐射状，10μm内有9～15条。

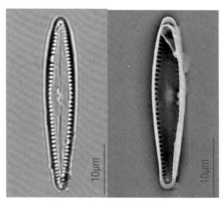

图6-70　机灵异极藻

斜方异极藻 *Gomphonema rhombicum* Fricke in A. Schmidt et al，1904：壳面线形披针形，细胞长25～40μm，宽9～10μm；顶端呈尖圆形，末端逐渐变窄；壳缝直，轴区在两端比中间窄；壳面线纹略呈辐射状，由两端向中间逐渐变短，10μm内有14～16条。

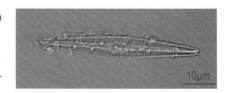

图6-71　斜方异极藻

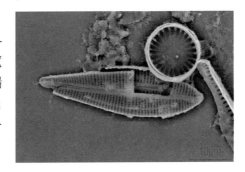

伪顶尖异极藻 *Gomphonema pseudoaugur* Lange-Bertalot，1979：壳面棒形，细胞长 24～32μm，宽 6～11μm，中部膨大，向两端逐渐狭窄，上端末端呈小头状，下端末端尖圆；中轴区狭窄，线形；中央区较小，近矩形，一侧具一略短线纹，另一侧具明显孤点；横线纹近乎平行，10μm 内有 10～11 条。

图 6-72　伪顶尖异极藻

6.1.28　菱形藻属 *Nitzschia* Hassall，1845

该属细胞多为单细胞，或形成带状或星状的群体；壳面线形、披针形；两端渐尖或钝，末端楔形、喙状、头状、尖圆形；壳面的一侧具龙骨突起，管壳缝位于龙骨中，壳缝管内壁具许多通入细胞内的小孔，称为"龙骨点"，龙骨点明显；壳面具横线纹；细胞壳面和带面不成直角，因此横断面呈菱形。

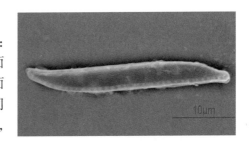

克劳斯菱形藻 *Nitzschia clausii* Hantzsch，1860：壳面线形，细胞长 40～150μm，宽 4～7μm；壳面两端向相反的方向弯曲成喙状；管壳缝位于壳面一侧的边缘，两侧边缘在中间几乎直；位于中间的两个龙骨距离较远，线纹细，在光镜下不可见，10μm 内有 38～42 条。

图 6-73　克劳斯菱形藻

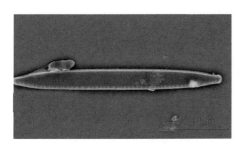

图 6-74　中型菱形藻

中型菱形藻 *Nitzschia intermedia* Hantzsch in Grunow，1880：壳面宽线形，细胞长 40～150μm，宽 4～7μm；两端窄，延长至喙状到亚头状；单个龙骨横向延长，与位于龙骨边缘的纵向线重叠；壳面线纹密度较高，但在光镜下可见，10μm 内有 29～33 条。

类 S 形菱形藻 Nitzschia sigmoidea（Nitzsch）
W. Smith, 1853：壳面 S 形，细胞长 206～330μm，
宽 13～14μm；龙骨点在 10μm 内有 5～7 个。

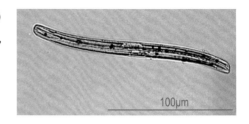

图 6-75　类 S 形菱形藻

小头菱形藻 Nitzschia microcephala Grunow in Cleve & Grunow,
1880：壳面线形，细胞长 7～17μm，宽 3～3.5μm；两侧边缘平行
或略凸出，两端突然明显狭窄，末端明显呈喙状或亚头状；龙骨
点 10μm 内有 10～15 个，横线纹细，10μm 内有 28～34 条。

图 6-76　小头菱形藻

谷皮菱形藻 Nitzschia palea（Kütz.）W. Smith,
1856：壳面线形、线形披针形，形态变化幅度较
大，细胞长 20～65μm，宽 2.5～5.5μm；两侧边
缘近平行，两端逐渐狭窄，末端楔形；龙骨点在
10μm 内有 10～15 个，横线纹细，光镜下难以观
察，在 10μm 内有 30～40 条。

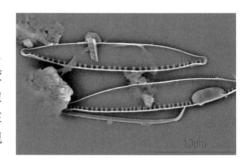

图 6-77　谷皮菱形藻

针状菱形藻 Nitzschia acicularis（Kützing）
Smith, 1853：壳面线形到线形披针形，细胞长 30～
150μm，宽 2～5μm；在中间显著加宽，呈纺锤
状，两端可延长至很长；无中央区；管壳缝位于
壳面一侧的边缘，龙骨小，呈圆点形；细胞壁硅
质化程度弱；线纹在光镜下不可见，10μm 内有
60～72 条。

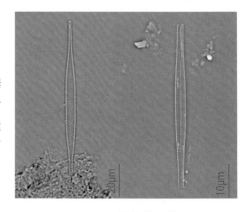

图 6-78　针状菱形藻

反曲菱形藻 *Nitzschia reversa* W. Smith，1853：壳面线形，细胞长 40～180μm，宽 5～9μm；壳面两端逐渐狭窄形成偏转的末端，纵轴轴区"S"形；龙骨点在 10μm 内有 7～14个；线纹在 10μm 内有 30 条左右。

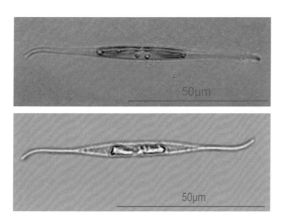

图 6 - 79　反曲菱形藻

分散菱形藻 *Nitzschia dissipata*（Kützing）Rabenhorst，1860：壳面线形到披针形，细胞长 12～72μm，宽 3～8μm；两端通常延长呈喙状或头状；管壳缝凸，偏离壳面中央，或位于壳面的中心轴处；龙骨明显，且与横轴平行，相邻龙骨之间呈矩形到正方形，10μm 内 5～12 个；线纹在光镜下不易观察，10μm 内有 3～50 条。

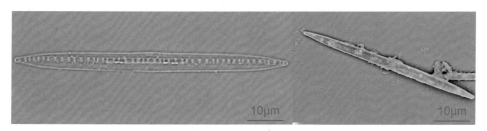

图 6 - 80　分散菱形藻

6. 1. 29　盘杆藻属 *Tryblionella* Smith，1853

该属细胞单生；壳面沿纵轴对称，线形、披针形或椭圆形；有的种类壳面边缘收缩；壳面两端呈圆形、尖圆形或亚喙状；壳缝位于龙骨内，壳面具"切口"结构，位于壳缝中央端点处；横向线纹可见。

盐生盘杆藻 *Tryblionella salinarum*（Grunow）Palletan，1889：壳面线形椭圆形，细胞长 18～65μm，宽 8～23μm；在中间略收缢，两端呈尖圆形；壳面在纵向具明显折痕状结构，导致横向线纹呈明显波动状，10μm 内有 38～42 条。

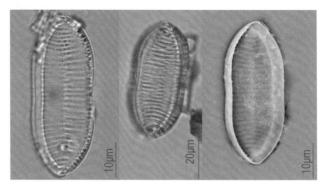

图 6 - 81 盐生盘杆藻

6.1.30 双菱藻属 *Surirella* Turpin，1828

该属细胞为单细胞，壳面上下两端呈等极或异极，壳面椭圆形、卵圆形、披针形、平直或螺旋状扭曲，有的种类中部缢缩；壳缝系统环绕整个壳面边缘，有的种类壳缝凸起，高于壳面；有的种类壳面中部具线性或披针形的空隙；壳面具肋纹。

布列双菱藻 *Surirella brebissonii* Krammer & Lange-Bertalot，1987：壳面卵圆—椭圆形至宽卵形，细胞长 16～70μm，宽 16～30μm，长宽比为 1∶1～2.4∶1；两端异极，两侧边缘向端部逐渐变窄，一端宽圆形，另一端尖圆形；翼状结构不存在；龙骨突 100μm 内 30～60 个，线纹 10μm 内 16～19 条。

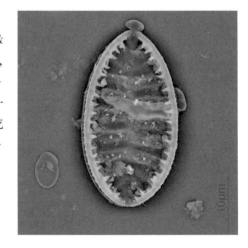

图 6 - 82 布列双菱藻

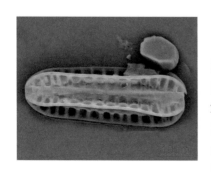

图 6 - 83 线形双菱藻

线形双菱藻 *Surirella linearis* W. Smith，1853：壳面同极或稍异极，线形至线形—披针形，两侧平行、稍凹入或凸出，两端楔形或钝圆；细胞长 36～86μm，宽 10～25μm；翼状突在壳面上的角度不同，清楚或是较窄，100μm 内有 20～30 个；在壳缘具一个波纹状的圆环，波峰和波谷等宽；窗栏开孔一般略宽于翼状管，横肋纹可达到中线，在壳面中部形成一个线性—披针形区域。

华彩双菱藻 *Surirella splendida*（Ehrenberg）Kützing，1844：壳面椭圆披针形，细胞长 75～250μm，宽 40～70μm；两端异极，一端宽圆形，另一端尖圆形；位于壳面中央的顶轴线明显；翼状结构较小，凸起不明显，100μm 内有 12～25 个；线纹由单列孔组成，10μm 内有 28～40 条。

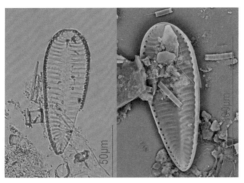

图 6-84　华彩双菱藻

近盐生双菱藻 *Surirella subsalsa* W. Smith，1853：壳面线形椭圆形，细胞长 20～46μm，宽 12～20μm；两端异极，一端宽圆形，另一端楔形，带面观线形到楔形；横向线纹波纹清晰；龙骨突在 100μm 内有 30～50 个。

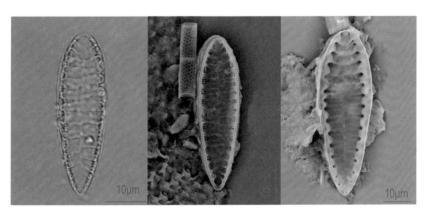

图 6-85　近盐生双菱藻

6.2　金藻纲 Chrysophyceae

金藻纲种类为单细胞运动藻类，质体具两层质体内质网膜，具眼点，具蛋白核，伸缩泡位于细胞前端，某些种类具辐射状或两侧辐射对称的硅质鳞片。本次调查仅检到色金藻目和黄群藻目的种类。

锥囊藻属 *Dinobryon* Ehrenberg，1835

植物体为树状或丛状群体，浮游或着生；细胞具圆锥形、钟形或圆柱形囊壳，前端呈圆形或喇叭状开口，后端锥形，透明或黄褐色，表面平滑或具波纹；细胞纺锤形、卵形或圆锥形，基部以细胞质短柄附着于囊壳的底部，前端具 2 条不等长的鞭毛，长的 1 条伸出在囊壳开口处，短的 1 条在囊壳开口内，伸缩泡 1 个到多个，眼点 1 个，1～2 个周生、片状色素体。

圆筒形锥囊藻 *Dinobryon cylindricum* O. E. Imhof，1887：群体细胞密集排列呈树丛状；囊壳长瓶形，囊壳长 30～77μm，宽 8.5～12.5μm，前端开口处扩大呈喇叭状，中间近平行呈圆筒形，后部渐尖呈锥形，不规则或不对称，多少向一侧弯曲成一定角度。

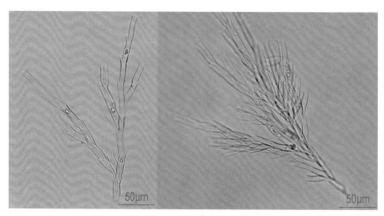

图 6 - 86　圆筒形锥囊藻

6.3　黄群藻纲 Synurophyceae

黄群藻纲与金藻纲亲缘关系较近；该纲内种类细胞两条鞭毛近乎平行地插入细胞中，无眼点，伸缩泡位于细胞的后半部，大多数种类不存在叶绿体内质网，细胞通常被两侧对称的鳞片所覆盖。本次调查仅检到黄群藻纲 2 属。

6.3.1　**鱼鳞藻属** *Mallomonas* Perty，1852

植物体为单细胞，自由运动；细胞具硅质鳞片，有规则地相叠成覆瓦状或螺旋状排列，鳞片具刺毛或无刺毛，顶端鳞片略凸起，表质上硅质鳞片具数条较短的刺毛。色素体周生、片状，多数 2 个，少数 1 个。细胞前端具 1 条鞭毛，具 2 个伸缩泡，数个液泡分散在原生质中。营养繁殖为细胞纵分裂；无性生殖产生具 1 条鞭毛的动孢子，或产生静孢子。

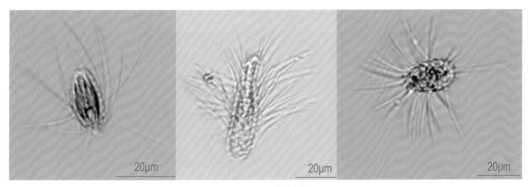

图 6 – 87　鱼鳞藻

6.3.2　黄群藻属 *Synura* Ehrenberg，1834

植物体为群体，球形或椭圆形，细胞以后端相互联系放射状排列在群体的周边，无群体胶被，自由运动；细胞梨形、长卵形，前端广圆，后端延长成胶质柄，表质外具许多覆瓦状排列的硅质鳞片，鳞片具花纹，具或不具刺，细胞前端具 2 条略不等长的鞭毛，伸缩泡数个，主要位于细胞的后端，色素体周生、片状，2 个，位于细胞的两侧，黄褐色，无眼点，细胞核 1 个，位于细胞的中部。

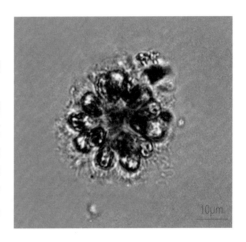

图 6 – 88　黄群藻

6.4　黄藻纲 Xanthophyceae

黄藻纲种类主要为淡水或陆生种类，球状、丝状体，运动种类具有 2 条鞭毛，1 条向前，1 条向后，不运动的种类细胞壁常由两个半片套盒组成。细胞色素体呈黄绿色，运动细胞的眼点常位于质体内。本次调查黄藻纲仅检到柄球藻目的种类 1 属。

黄管藻属 *Ophiocytium* Nägeli，1849

植物体单细胞，或幼植物体簇生与母细胞壁的顶端开口处形成树状群体，浮游或着生。细胞长圆柱形，长为宽的数倍，有时可达 3mm。着生种类细胞较直，基部具一短柄着生在他物上；浮游种类细胞弯曲或不规则地螺旋形弯曲，两端圆形或有时略膨大，一端或两端具刺，或两端都不具刺。细胞壁由不相等的两节片套合组成，长的节片分层，短的节片盖状，结构均匀。

头状黄管藻 *Ophiocytium capitatum* Wolle，1887：植物体为单细胞或形成不规则放射状群体，浮游；细胞长圆柱形，宽 5 ~ 10μm，长 45 ~ 150μm，两端圆形或渐尖，有时略膨大，各具 1 长刺；色素体多数，短带状。

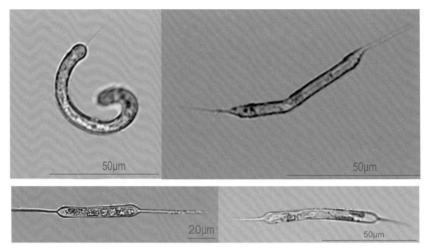

图 6 - 89　头状黄管藻

7 隐藻门 Cryptophyta

隐藻为单细胞的鞭毛藻类，细胞长椭圆形或卵形，前端宽，钝圆或斜截，呈不对称结构，有明显的背腹之分，导致细胞在游动的时候不断摇摆。色素体 1 个或 2 个，呈叶状。储存物质为淀粉和油滴。鞭毛 2 条，不等长，从腹侧斜截口伸出或生于侧面。伸缩泡位于前端。隐藻门下仅 1 纲（隐藻纲），种类不多，本次调查仅检到 2 属 3 种。

隐藻纲 Cryptophyceae

7.1.1 蓝隐藻属 *Chroomonas* Hansgirg.，1885

细胞长卵形、椭圆形、近球形、近圆柱形、圆锥形或纺锤形。前端斜截形或平直，后端钝圆或渐尖，背腹扁平；纵沟或口沟常很不明显。色素体多为 1 个（或 2 个），盘状，边缘常具浅缺刻，周生，蓝色到蓝绿色。鞭毛 2 条，不等长。伸缩泡位于细胞前端。具眼点或无。淀粉粒大，常成行排列。蛋白核 1 个，中央位或位于细胞的下半部。淀粉鞘由 2～4 块组成。细胞核 1 个。

尖尾蓝隐藻 *Chroomonas acuta* Utermöhl，1925：细胞纺锤形，前端宽斜截形，向后渐尖，后端渐细，常向腹侧弯曲，细胞长 20～22μm，宽 9～11μm；纵沟很短；无刺细胞；1 个色素体，呈暗绿色，具 1 个蛋白核，位于细胞中部背侧；鞭毛 2 条，与细胞长度约相等。

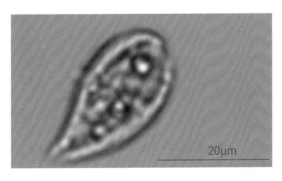

20μm

图 7 - 1 尖尾蓝隐藻

7.1.2 隐藻属 *Cryptomonas* Ehrenberg，1838

细胞椭圆形、豆形、卵形、圆锥形、纺锤形、"S"形。背腹扁平，背部明显隆起，腹部平直或略凹入。多数种类横断面呈椭圆形，少数种类呈圆形或显著地扁平。细胞前端钝圆或为斜截形，后端为或宽或狭的钝圆形。具明显的口沟，位于腹侧。鞭毛2条，自口沟伸出，鞭毛通常短于细胞长度。液泡1个，位于细胞前端。色素体1个或2个，位于背侧或腹侧或位于细胞的两侧面，黄绿色或黄褐色或红色，多数具1个蛋白核，或具2～4个，或无蛋白核；细胞核1个，位于细胞后端。

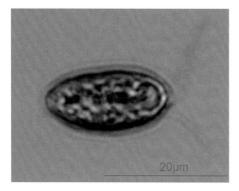

卵形隐藻 *Cryptomonas ovata* Ehrenberg，1832：细胞大多略扁平；细胞大小变化很大；细胞椭圆形或长卵形，通常略弯曲，细胞长 22～30 μm，宽 11～21 μm；前端为明显的斜截形，顶端为斜的凸状、角状或宽圆形；后端宽圆形。

图7-2 卵形隐藻

啮蚀隐藻 *Cryptomonas erosa* Ehrenberg，1832：细胞倒卵形到近椭圆形，细胞宽 8～16 μm，长 15～32 μm；前端背角突出略呈圆锥形，顶部钝圆，后端大多数渐狭，末端狭钝圆形；背部大多数明显凸起，腹部通常平直，极少略凹入；细胞有时弯曲，罕见扁平；2个色素体，呈绿色、褐绿色、金褐色、淡红色，罕见紫色；鞭毛与细胞等长。

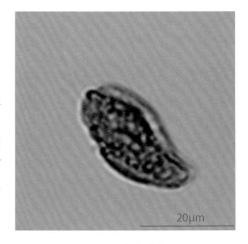

图7-3 啮蚀隐藻

参考文献

［1］陈宇炜，李朋富，DOKULIL M，等．浮游藻类三个常见属（颤藻属、直链硅藻属和针杆藻属）学名变更的解释．湖泊科学，2003，15（1）．

［2］范亚文，刘妍．兴凯湖的硅藻．北京：科学出版社，2016.

［3］胡鸿钧．水华蓝藻生物学．北京：科学出版社，2011.

［4］胡鸿钧，魏印心．中国淡水藻类：系统、分类及生态．北京：科学出版社，2006.

［5］胡鸿钧．中国淡水藻志：第二十卷，绿藻门，绿藻纲．北京：科学出版社，2015.

［6］李家英，齐雨藻．中国淡水藻志：第十九卷，硅藻门，舟形藻科（二）．北京：科学出版社，2014.

［7］李守淳，柴文波，郑洪萍，等．中国鱼腥藻属的两个新记录种．湖泊科学，2012，24（5）．

［8］李小闯．丝状蓝藻拟柱孢藻、尖头藻和拟圆孢藻的分类学和分子多样性研究．北京：中国科学院大学，2016.

［9］林燊，彭欣，吴忠兴，等．我国水华蓝藻的新类群——阿氏浮丝藻（planktothrix agardhii）生理特性．湖泊科学，2008，20（4）．

［10］刘国祥，胡征宇．中国淡水藻志：第十五卷，绿藻门，绿球藻目（下）．北京：科学出版社，2012.

［11］刘静，韦桂峰，胡韧，等．珠江水系东江流域底栖硅藻图集．北京：中国环境出版社，2013.

［12］刘涛．藻类系统学．北京：海洋出版社，2017.

［13］齐雨藻，李家英．中国淡水藻志：第十卷，硅藻门，无壳缝目，拟壳缝目．北京：科学出版社，2004.

［14］齐雨藻．中国淡水藻志：第四卷，硅藻门，中心纲．北京：科学出版社，1995.

［15］施之新．中国淡水藻志：第十二卷，硅藻门，异极藻科．北京：科学出版社，2004.

［16］施之新．中国淡水藻志：第十六卷，硅藻门，桥弯藻科．北京：科学出版社，2013.

［17］王全喜，曹建国，刘妍，等．上海九段沙湿地自然保护区及其附近水域藻类图集．北京：科学出版社，2008.

［18］王全喜，邓贵平．九寨沟自然保护区常见藻类图集．北京：科学出版社，2017.

［19］王全喜．中国淡水藻志：第二十二卷，硅藻门，管壳缝目．北京：科学出版社，2018.

［20］魏印心．中国淡水藻志：第十八卷，绿藻门，鼓藻目（第3册）．北京：科学出版社，2014.

［21］魏印心．中国淡水藻志：第十七卷，绿藻门，鼓藻目（第2册）．北京：科学出版社，2013.

［22］吴忠兴，杨丽，李仁辉．我国淡水水体浮游性鱼腥藻（Anabaena）与束丝藻（Aphanizomenon）的分子系统学研究．庆祝中国藻类学会成立30周年暨学术讨论会，2009.

［23］杨丽，虞功亮，李仁辉．中国鱼腥藻属的八个新记录种．水生生物学报，2009，33（5）．

［24］虞功亮，宋立荣，李仁辉．中国淡水微囊藻属常见种类的分类学讨论——以滇池为例．植物分类学报，2007，45（5）．

［25］虞功亮，李仁辉．中国淡水微囊藻三个新记录种．植物分类学报，2007，45（3）.

［26］李守淳，柴文波，郑洪萍，等．中国鱼腥藻属的两个新记录种．湖泊科学，2012，24（5）．

［27］朱梦灵．丝状蓝藻假鱼腥藻和泽丝藻的分类学研究及分子监测．中国科学院水生生物研究所，2012.

［28］凌元洁，李砧，邓国政．山西的裸藻属植物．山西大学学报（自然科学版），1989（3）．

［29］施之新．中国淡水藻志，第六卷，裸藻门．北京：科学出版社，1999.

［30］刘国祥，胡圣，储国强，等．中国淡水多甲藻属研究．植物分类学报，2008（5）.

［31］王全喜．中国淡水藻类志：第十一卷，黄藻门，北京：科学出版社，2007.

［32］克拉默，贝尔塔洛．欧洲硅藻鉴定系统．刘威，朱远生，黄迎艳，译．广州：中山大学出版社，2012.

［33］CANTONATI M, KOMÁREK J, HERNÁNDEZ-MARINÉ M, et al. New and poorly known coccoid species (Cyanoprokaryota) from the mid-depth and deep epilithon of a carbonate mountain lake. Freshwater science, 2014, 33（2）.

［34］CHOMÉRAT N, GARNIER R, BERTRAND C, et al. Seasonal succession of cyano-prokaryotes in a hypereutrophic oligo-mesohaline lagoon from the South of France. Estuarine coastal and shelf science, 2007, 72（4）.

［35］JOHN D M, WHITTON B A, BROOK A J. The freshwater algal flora of the British isles: an identification guide to freshwater and terrestrial algae. 2 ed. New York: Cambridge University Press, 2010.

［36］DVOŘÁK P, POULÍCKOVÁ A, HAŠLER P, et al. Species concepts and speciation factors in cyanobacteria, with connection to the problems of diversity and classification. Biodiversity and conservation, 2015, 24（4）.

［37］HOFFMANN L, KMOÁREK J, KAŠTOVSKÝ J. System of cyanoprokaryotes (cyanobacteria) -state in 2004. Algological studies, 2005, 117（1）.

［38］LAVOIE I, HAMILTON P B, CAMPEAU S, et al. Guide d'identification des diatomées des rivières de l'Est du Canada. Canada: l'Université du Québec, 2008.

［39］TAYLOR J C, HARDING W R, ARCHIBALD CGM. An illustrated guide to some common diatom species from South Africa. WRC Report, 2007.

［40］KOMÁREK J. Planktic oscillatorialean cyanoprokaryotes (short review according to combined phenotype and molecular aspects). Hydrobiologia, 2003, 502 (1).

［41］KOMÁREK J. Review of the cyanobacterial genera implying planktic species after recent taxonomic revisions according to polyphasic methods: state as of 2014. Hydrobiologia, 2016, 764 (1).

［42］KOMÁREK J. Rhabdogloea, the correct name of cyanophycean Dactylococcopsis sensu auctt, non Hansgirg (1888). Taxon, 1983, 32 (3).

［43］KOMÁREK J, ANAGNOSTIDIS K. Cyanoprokaryota 2. Teil/2nd part: Osillatoriales// BUEDL B, KRIENITZ L, et al. Süwasserflona von Mitteleuropa, 19/2. Heidelberg: Elsevier/Spektrum, 2005.

［44］KOMÁREK J, KOPECKY J, CEPÁK V. Generic characters of the simplest cyanoprokaryotes Cyanobium, Cyanobacterium and Synechococcus. Cryptogamie algologie, 1999, 20 (3).

［45］KOMÁREK J, KOPECHÝ J, CEPÁK V. Vladisla generic characters of the simplest cyanoprokaryotes Cyanobium, Cyanobacterium and Synechococcus. Cryptogamie algologie, 1999, 20 (3).

［46］KOMÁREK J. Studies on the cyanophytes (Cyanoprokaryotes) of Cuba 10. New and little known chroococcalean species. Folia geobotanica, 1995, 30 (1).

［47］KOMÁREK J, VLADISLAV CEPÁK. Cytomorphological characters supporting the taxonomic validity of Cyanothece (Cyanoprokaryota). Plant systematics & evolution, 1998, 210 (1-2).

［48］KRUSKOPF M, PLESSIS S D. Growth and filament length of the bloom forming Oscillatoria simplicissima (Oscillatoriales, Cyanophyta) in varying N and P Concentrations. Hydrobiologia, 2006, 556 (1).

［49］GRAHAM L E, GRAHAM J M, WILCOX L W. Algea. 2nd ed. New York: Benjamin Cummings, 2009.

［50］NGUYEN L T T, CRONBERG G, LARSEN J, et al. Planktic cyanobacteria from freshwater localities in Thuathien-Hue Province, Vietnam. I. morphology and distribution. Nova hedwigia, 2007, 85 (1).

［51］PETER F, COESEL M, MEESTERS K. Desmids of the Lowlands. The Netherlands: KNNV Publishing, 2007.

［52］LEE R E. Phycology. 4 ed. New York: Cambridge University Press, 2008.

［53］STOYANOV P, MOTEN D, MLADENOV R, et al. Phylogenetic relationships of some filamentous cyanoprokaryotic species. Evol bioinform online, 2014, 10 (10).

［54］WEHR J D, SHEATH R G. Freshwater algae of North America: ecology and classification. New York: Academic Press, 2003.

［55］ZHANG H, SONG G, SHAO J, et al. Dynamics and polyphasic characterization of odor-producing cyanobacterium Tychonema bourrellyi from Lake Erhai, China. Environmental science & pollution research, 2016, 23（6）.